深空探测译丛

揭秘空间辐射风险

Radiation in Space

Relevance and Risk for Human Missions

[德]克里斯蒂娜·E. 赫尔维格(Christine E. Hellweg)
托马斯·伯杰(Thomas Berger)
丹尼尔·马蒂亚(Daniel Matthiä)
克里斯塔·鲍姆斯塔克·汗(Christa Baumstark-Khan)
著
姜敏 马庆甜 王元 译

国防工業出版社
·北京·

著作权合同登记　图字：01—2024—5078 号

内 容 简 介

本书首先描述了近地轨道、星际空间以及月球和火星表面存在的不同辐射场、测量辐射的方法和装置，以及对空间辐射进行建模的可能性；其次详细讨论了空间辐射的生物学影响，以及在癌症患者辐射治疗方面的相似影响；然后介绍了空间辐射的风险评估方法和其不确定因素，以及对这些风险的可接受性；最后指明了空间辐射应对措施及其发展方向。

本书适合航天任务工作者、空间环境及空间生命科学的科研人员、高校教师、学生以及对相关领域感兴趣的人员阅读。

图书在版编目(CIP)数据

揭秘空间辐射风险 /（德）克里斯蒂娜·E. 赫尔维格（Christine E. Hellweg）等著；姜敏，马庆甜，王元译. 北京：国防工业出版社，2025. 6. -- ISBN 978-7-118-13750-7

Ⅰ. X21

中国国家版本馆 CIP 数据核字第 2025BY5394 号

※

国防工业出版社出版发行
（北京市海淀区紫竹院南路 23 号　邮政编码 100048）
雅迪云印（天津）科技有限公司印刷
新华书店经售
*
开本 710×1000　1/16　**插页** 4　**印张** 9½　**字数** 158 千字
2025 年 6 月第 1 版第 1 次印刷　**印数** 1—1800 册　**定价** 86.00 元

（本书如有印装错误，我社负责调换）

国防书店：（010）88540777　书店传真：（010）88540776
发行业务：（010）88540717　发行传真：（010）88540762

译者序

在我选择翻译这本书时，还是两年前，而在此之前的一年里，“嫦娥”五号首次成功实施月面取样返回任务，“天问”一号探测器首次在火星乌托邦平原着陆区成功着陆，实现了中国在深空探测领域的技术跨越，而我有幸参与其中。拓展人类涉足疆域的星际航行时代已经到来，我国也在大幅拓展深空探测开发与应用的规模，以支撑后续月球科研站、载人火星探测、大型空间基础实施建设等任务的实施。美国国家航空航天局提出的“阿尔忒弥斯”登月计划旨在将宇航员再次送上月球，建立常态化驻留机制，并为未来的火星任务铺路。2022 年 8 月 27 日发射的“阿尔忒弥斯”1 号“猎户座”飞船已完成绕月飞行并成功返回地球。计划发射的“阿尔忒弥斯”2 号载人环月飞船将代表人类重返月球，此次任务宇航员将在环月轨道上测试操作，不直接登月是为了确保一些关键系统在更复杂的登月任务前得到充分验证，如验证生命支持系统等关键技术，以确保宇航员的安全及后续登月任务的成功。那么人类真的准备好登月和移民火星了吗？究竟需要准备哪些事项才足以应对太阳系行星际飞行中宇宙辐射带来的任务风险？空间辐射如何分类、测量和评估风险？如何制定这些空间探索任务的辐射风险对策？人类将会面临哪些挑战？

本书直面上述问题，作为“施普林格空间生命科学简介”系列丛书专题之一，集中介绍了空间辐射及其风险的最新研究，详细阐述了空间辐射，包括近地轨道、远地轨道和月球、火星表面存在的不同辐射场、测量辐射的方法与装置，对空间辐射场进行建模和应用，以及辐射风险的评估和对策。人类大多数关于空间辐射风险的不确定性都与对宇宙辐射的生物学效应认识不足有关。因此，本书对空间辐射的生物学效应和宇航员的健康影响进行定性和定量的研究，这样才能准确地评估相关任务中的风险，进而更准确地规划任务操作计划和应对措施。

本书的第 1 章和第 2 章由马庆甜翻译，第 3 章、第 4 章、第 5 章由姜敏翻译，第 6 章由王元翻译。此外，在本书的翻译过程中，孙振航、韩雪在搜集信息资料以及校对译稿工作中给予了我很大的支持和帮助，在此表示衷心的感谢。

另外，我还要向太空系统运行与控制全国重点实验室致以最诚挚的谢意，感谢实验室为我提供了这样一个宝贵的机会与经费支撑，让我顺利地完成这部著作的翻译之旅。在整个过程中，实验室领导给予了我大力的支持与信任，实验室系列译著丛书出版计划的同事们提供高效的协调与合作让我受益匪浅，在此由衷地感谢他们。

本书涉及空间探索领域的最前沿，内容专业，立意精深，翻译中难免有错漏或不妥当之处，恳请读者批评指正。

姜敏

2024 年 10 月

前　言

到目前为止，已出版了“施普林格空间生命科学简介”系列丛书 10 本，主要探讨的是变化的重力条件，特别是微重力对生命系统的影响，这些生命系统小到细胞和微生物，大到植物、动物和人类。然而，太空中的其他环境条件也会发生变化，尤其是辐射场。

事实上，一般认为人类探索和移民太阳系对于健康的主要危害是来自太阳和银河系的宇宙辐射。辐射风险的特点是不确定性高，并且缺乏简单的应对措施。人类大多数关于空间辐射风险的不确定性都与对太阳和宇宙射线的生物学效应认识不足有关，因此需要对空间辐射的生物学效应进行研究，这样才能准确地评估相关风险，进而更准确地规划应对措施。此外，大量的辐射测量结果表明，在太空中，不仅辐射水平有所增加，辐射场的性质也会改变，特别是存在高能重离子的情况下。

不同的辐射场对人体的负面影响各有不同，如 DNA 损伤、致癌、中枢神经系统影响、组织退化和其他健康危害。此外，这些辐射风险可能受到其他航天因素的影响，如微重力和环境污染物；辐射和微重力在细胞层面的相互作用，已被大量研究证明。由此可见，除非改进屏蔽防护措施或制定其他有效的(生物)应对措施，否则基本上无法实现飞往火星的任务。显然，如果不讨论这个重要主题，我们的“施普林格空间生命科学简介”系列丛书也就不完整。

《揭秘空间辐射风险》讨论了上述所有要点：在对主题进行一般性介绍后，详细描述了空间辐射的物理学知识，包括近地轨道及更远空间的不同辐射源、测量辐射的方法和装置(所谓的剂量学)，以及对空间辐射进行建模的可能性及其影响。

第 3 章讨论了空间辐射的生物学影响，即辐射对生物体乃至对人体各组织的影响，其中描述了急性、慢性和后期辐射效应，如对中枢神经和心血管系统的影响。当然，这些方面也与地球上的人类紧密相关，如放射治疗对癌症患者的治疗非常重要。

第 4 章介绍了空间辐射的风险评估方法。显然，尽管在太空中开展的辐射测量已经进行了几十年，但仍然存在一些不确定因素，因而本书对这些风险的可接受性进行了大量讨论。同时也讨论了在癌症患者辐射治疗方面的相似影响。

第 5 章讨论了空间辐射应对措施的发展进程。描述了从任务实施规划、辐射防护、营养和药物对策到宇航员选拔等诸多方面的可行性。

最后，本书以这样的问题结束：我们是否准备好进入太空？我们是否足够了解风险和应对措施的有效性？我们能否在知道辐射风险的情况下承担起将人类送上火星的责任？这些问题的答案当然也取决于科学家或本书的读者对人类航天的总体立场和对探索任务的看法。然而，历史表明，人类一直在开拓高边疆，不断地向新的领域跃进。所以，在我们看来，问题不在于人类是否会去火星和其他遥远的地方，而是由谁去以及何时去。

Günter Ruyters
Markus Braun
德国　波恩
2020 年 3 月

致　谢

本书中描述的原创研究是在德国宇航中心（DLR）FuE 计划“国际空间站生命”（RF-FuW 计划，“远程项目 475”；德国宇航中心下属的航天局对大学合作伙伴的资助）、亥姆霍兹协会、欧盟和国家辐射科学研究所（NIRS）的科学合作和资助下实现的。参与本研究的博士生就读于德国宇航中心（德国科隆）亥姆霍兹空间生命科学研究学校，该学校由亥姆霍兹协会资助，资助时间为 6 年（资助号：VH-KO-300），并获得了 DLR（包括航空航天执行局和航空航天医学研究所）提供的额外资金。在法国卡昂的国家重离子加速器（GANIL）和亥姆霍兹重离子研究中心（GSI）的加速器实验分别得到了欧盟（EURONS、ENSAR）和欧洲航天局（ESA）在辐射生物学效应研究（IBER）项目中的部分支持。前往日本千叶重离子医用加速器（HIMAC）的旅费部分由日本千叶国立辐射科学研究所（NIRS）国际开放实验室和日本千叶县稻谷市那川国立量子与放射科学技术研究所（QST）提供。感谢 Isabelle Testard，Amine Cassimi，Hermann Rothard，Yannick Saintigny，Florent Durantel 以及 CIMAP（法国卡昂）所有参与剂量测定的物理学家和 GANIL 的束流操作员团队，感谢他们在 GANIL 夜以继日工作期间为我们提供的宝贵建议和大量帮助。感谢 Michael Scholz，Chiara La Tessa，Ulrich Weber，Insa Schröder 和束流操作员在亥姆霍兹重离子研究中心束流时间为我们提供的宝贵帮助。感谢日本千叶国立辐射科学研究所和国立量子与放射科学技术研究所的 Teruaki Konishi，Satoshi Kodaira 和 Hisashi Kitamura 在 HIMAC 束流时间为我们提供的支持。感谢为国际空间站上的实验提供支持的所有宇航员，以及来自法国图卢兹 CADMOS 中心的同事；以及位于德国科隆的德国宇航中心微重力用户支持中心（DLR-MUSC）和德国不来梅的 OHB 航天公司以及欧洲航天局的所有同事。最后,感谢德国航天医学研究所辐射生物学部门的前负责人 Gerda Horneck 博士和 Günther Reitz 博士,感谢他们提供的科学建议和对我们工作的持续支持。

关于作者

Christine E. Hellweg 是德国宇航中心(DLR)航空航天医学研究所辐射生物学系负责人。她所在的部门主要研究空间辐射对人类和生物圈的影响以及空间辐射场的特点。她曾在柏林自由大学学习兽医学,目前在该校教授免疫学课程。她在重离子加速器方面开展过许多生物实验,并且是国际宇航科学院(IAA)的成员。

Thomas Berger 是辐射生物学系生物物理学工作组的负责人。他在奥地利维也纳技术大学(TUW)学习物理,并获得辐射物理学博士学位。他的主要研究方向是辐射防护,包括开发辐射探测器,以及研究人类在近地轨道(LEO)以外的任务中受到的辐射,目前是国际空间站(ISS)上的 DOSIS 三维实验和马托什卡天体辐射实验(MARE)项目的首席研究员(PI),他将随美国国家航空航天局的"猎户座"探索任务 1 号(EM-1)一起登月。

Daniel Matthiä 是物理学博士,也是德国宇航中心航空航天医学研究所辐射生物学系科学家。他曾作为航空航天宇宙辐射和剂量学领域的专家开发了适用于航空航天辐射防护领域的初级银河宇宙辐射工程模型(德国宇航中心银河宇宙辐射模型)和用于评估机组人员辐射剂量的 PANDOCA 模型。他的主要研究领域是分析和减轻来自银河宇宙辐射和太阳高能粒子的辐射风险。

Christa Baumstark-Khan 是辐射生物学系航空航天医学研究所细胞生物诊断学小组的负责人。她在波恩-莱茵-西格应用科学大学担任放射生物学教授,在辐射生物学方面有丰富的经验,并在国际微重力第二实验室(IML-2)任务中研究了重力在 DNA 修复过程中的作用。

目 录

第1章 概述

摘　要:宇航员在长期空间任务中受到的辐射照射远远超过了地面职业辐射的剂量限值。在大气层中,宇宙辐射照射量随着高度的增加而增加,这使得德国空勤人员的年平均辐射剂量额外增加了2mSv。离开大气层进入太空后,由于缺乏大气和磁屏蔽,再加上辐射带中粒子的额外作用,辐射作用会进一步增强。太空辐射场的复杂性给剂量测定和生物学效应评估带来了巨大的挑战。宇航员在暗适应后,甚至会把穿越宇宙辐射的高能带电粒子看成是光闪烁。为了理解重离子在分子、细胞、组织和有机体水平上的影响并制定应对措施,人类进行了无数次重离子加速器实验。

关键词:宇宙辐射,地磁场,宇航员,辐射保护法,光闪烁,重离子加速器,太空辐射生物学

穿越太空去往新世界是人类的梦想,在许多科幻电影中也有具体体现。然而,太空并不像眼睛所见的那样空旷,来自太阳(太阳高能粒子(SEP))或来自太阳系外(银河宇宙射线(GCR))的高能带电粒子都在这片广袤的空间穿梭,它们统称为宇宙辐射(图1.1)。在地球上,地磁场和大气能够屏蔽这种自然辐射源。银河宇宙射线与大气相互作用,产生能量范围广泛的初级和次级粒子,这

就导致每年地面自然辐射照射的平均作用为 0.38mSv。宇宙辐射的剂量率随着高度的增加而上升，从而导致高海拔山区停留或空中飞行期间的辐射量更高。在两极周围的高纬度地区，磁力线垂直于地球表面，初级带电粒子的强度大于低纬度地区。因此，机组人员接受了相当多的这种自然辐射（在德国，平均每年为 1.96mSv），与赤道上空的飞行路线相比，在高纬度飞行中辐射的剂量更高。在德国机组人员的辐射防护受法律监管。从 2003 年开始，必须对宇航员的职业辐射暴露进行评估，而这些评估大部分通过剂量计算软件实现。

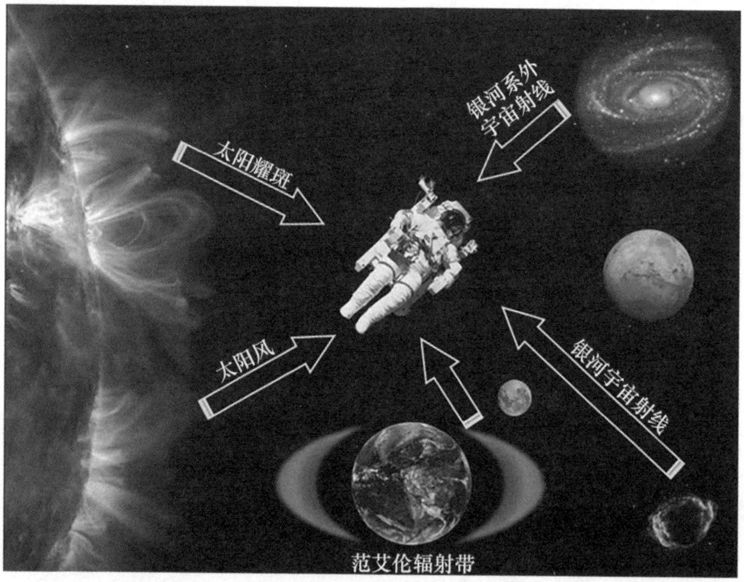

图 1.1 （见彩图）导致宇航员在太空任务中受到辐射暴露的宇宙辐射源

注：这幅图是使用以下图像汇编而成。①太阳：太阳活跃区域的日冕环，2014 年 2 月 18 日，图片源自美国航空航天局（NASA）/太阳动力学观测站。②地球：地球日的美洲卫星视图，2014 年 4 月 23 日，图片源自 NASA/国家海洋大气管理局（NOAA）/地球静止运行环境卫星（GOES）项目。③月球：南太平洋上空的满月，2019 年 8 月 13 日，iss060e01347，"探险"号 60，国际空间站（ISS），图片源自美国国家航空航天局。④火星："水手"号山谷：火星大峡谷，2008 年 3 月 23 日，图片源自美国国家航空航天局。⑤星系：螺旋星系 M81，2014 年 5 月 2 日，图片源自 X 射线：钱德拉 X 射线天文台/史密森天体物理天文台（NASA/CXC/SAO）；⑥光学：Detlef Hartmann；红外：NASA/喷气推进实验室-加州理工学院；超新星遗迹：超新星 G1.9+0.3，2016 年 3 月 30 日，图片源自 NASA/钱德拉 X 射线中心/哈佛大学天文台/S. chakraborti 等人。⑦宇航员：宇航员 Bruce McCandless 自由漂浮（STS-41B），2011 年 7 月 28 日，图片源自美国国家航空航天局。

在国际空间站高度的近地轨道（LEO）（图 1.2），舱外宇航员受到的银河宇宙辐射比机组人员高得多,而且,他们还会受到更大比例的银河宇宙射线中主要粒子的辐射,包括重核粒子以及辐射带中捕获的带电粒子(图 1.1)。

图 1.2 业余天文摄影师 Javier Manteca 于 2020 年 2 月 5 日拍摄了 ISS 在月球前飞行时的照片(© Javier Manteca/ESA)

德国直到 2017 年才出台了新的辐射保护法——德国辐射保护法(StrlSchG,德国联邦共和国,2017)来监管宇航员的职业辐射剂量,该法的依据是欧盟 2013/59/EURATOM 条例(欧盟理事会,2014)。这些条例遵循了国际辐射防护委员会(ICRP)的建议,将航空和航天飞行时受到的空间自然辐射纳入职业暴露的范畴(辐射防护委员会,1991,2007)。

德国辐射保护法第 52 条规定,如果宇航员每年受到的宇宙辐射剂量超过 1mSv,德国航天任务管理机构就有履行通报的义务。联邦辐射防护局(BfS)负责管控该通报以及与防辐射防护规则(德国辐射保护法第 185 条)的合规性。如果有特殊通知以及有特殊理由,那么对这类德国宇宙飞船上的宇航员来说,年职业辐射限值可以超过 20mSv(个别年份为 50mSv)(德国辐射保护法第 52 条)。

然而,国际空间站为期 6 个月的任务将超过这些限制。宇航员的辐射防护一直以来,而且在将来仍然是相关航天机构的一项任务。当然,这还适用于欧洲航天局(ESA)的宇航员,因为它们的航天器(目前)都不是由德国航天机构运营的。

在辐射防护的风险评估方面，宇宙辐射带来了巨大挑战，原因在于其复杂性及高能重粒子的存在。带电粒子可以通过将电子推出壳层来电离原子和分子。通常情况下，人类对电离辐射没有感觉，但空间辐射例外，因为一些粒子可以穿过眼睛的视网膜，从而被感知为光闪烁。1952 年，Cornelius Tobias 预言宇宙辐射可以与视觉系统相互作用，并诱导形成反常的光感知。阿波罗 11 号宇航员 Edwin E. Aldrin Jr. 首次报告了这种光感知，阿波罗 11 号和 12 号任务中记录了自发观测结果（Akatov 等，1996）。阿波罗 15～17 号任务期间，在暗适应后的观测过程中发现到了以恒星、条纹、云等形式出现的光闪烁。为了将光闪烁与带电粒子穿越联系起来，在太空任务中建造并使用了 DEDI 探测器，从阿波罗 16 号和 17 号（Akatov 等，1996）使用的阿波罗闪光移动乳胶探测器（ALFMED）开始，在空间飞行任务中建造并使用了专用探测器。和平号和国际空间站的宇航员也统计过光闪烁次数，并报告光闪烁数量在南大西洋异常区（SAA，第 2 章）有所增加（Narici，2008）。

使用为地球辐射特质设计的测量设备（如 X 射线、α 射线、β 射线、γ 射线、中子）无法实现太空辐射剂量测定，需要采用以无源或有源的方式工作专用剂量计。此外，带电粒子在通过人体时，带电粒子的能量沉积和辐射质量会沿着粒子的轨迹变化（国际辐射防护委员会，2007）。因此，人体内深度剂量分布是太空辐射风险评估的重要依据。第 2 章讨论了空间辐射场、剂量测定和深度剂量测定的方法。

虽然无法用重离子加速器在地球上模拟整个太空辐射场，但可以在高能重离子加速器上通过巨大的技术投入来模拟空间辐射场的一部分（如质子、氦离子和重离子的组合）。因此，为了解高能带电粒子的生物学效应，主要用单个离子进行实验。数百名研究人员对太空辐射无线电生物学效应的理解做出了贡献，他们在重离子加速器上使用不同的生物系统进行了数千个日夜的工作，其中包括细菌、细胞和器官培养、啮齿动物和大型动物，甚至是人体自我实验（图 1.3）。第 3 章简要介绍过去和现在的太空“辐射”生物学，并聚焦分子机制、与太空有关的辐射质量的相对生物学有效性以及在有机体层面的效应。

进行辐射风险评估的先决条件是确定空间飞行任务期间的暴露情况和量

图 1.3 (见彩图)重离子加速器上的放射生物学实验

(a)德国达姆施塔特 GSI(亥姆霍兹重离子研究中心)的输送带上装有 $25cm^2$ 细胞培养瓶和载液瓶。(b)在法国卡昂的国家大型重离子加速器(GANIL)中,照射在面积为 $12.5cm^2$ 的哺乳动物细胞来确定细胞存活率,并在玻片瓶中进行免疫荧光染色。在波束出口窗口前安装了一个用于调制波束能量的降能器的支架。© Christine E. Hellweg,德国宇航中心。

化疾病风险,第 4 章对辐射风险评估进行了讨论。火星任务将超过可接受的风险水平,因此,必须研发和测试应对辐射防护措施,从而将对宇航员健康的风险控制在可接受的范围内。第 5 章总结了国内外辐射应对措施相关研究的现状。

太空辐射引发的健康风险仍然是人类长期太空探索任务中尚未解决的问题,第 6 章描述了回答这个开放性问题的方法。

参考文献

Akatov Y, Arkhangelsky V, Petrov V, Trukhanov K, Avdeev S, Ozerov Y, Popov A, Fuglesang C (1996) Biomedical aspects of light flashes observed by astronauts during spaceflight. ESA Special Publication, Paris

Council of the European Union (2014) Council Directive 2013/59/Euratom of 5 December 2013 laying down basic safety standards for protection against the dangers arising from exposure to ionising radiation, and repealing Directives 89/618/Euratom, 90/641/Euratom, 96/29/Euratom, 97/43/Euratom and 2003/122/Euratom. Off J Eur Commun 13:1–73

Bundesrepublik Deutschland (2017) Gesetz zum Schutz vor der schädlichen Wirkung ionisierender Strahlung (Strahlenschutzgesetz–StrlSchG). Strahlenschutzgesetz vom 27. Juni 2017 (BGBl. I S. 1966), das zuletzt durch Artikel 3b des Gesetzes vom 28. April 2020 (BGBl. I S. 960) geändert worden ist

ICRP (1991) ICRP Publication 60. 1990 Recommendations of the International Commission on Radiological Protection. Ann ICRP 21(1–3):1–201, Smith H (Ed.), Pergamon Press, Oxford, New York, Frankfurt, Seoul, Sydney, Tokio

ICRP (2007) ICRP Publication 103. The 2007 Recommendations of the International Commission on Radiological Protection. Ann ICRP 37(2–4):1–332, Valentin J (Ed.), Elsevier, Orlando, Amsterdam, Tokyo, Singapore

Narici L (2008) Heavy ions light flashes and brain functions: recent observations at accelerators and in spaceflight. New J Phys 10(7):075010

第2章 空间辐射:物理学

摘　要:太空中的辐射场在时间和空间上具有高度可变性。影响总辐射量的不同辐射来源很多。在行星际空间,辐射场主要由无处不在的银河宇宙辐射主导,而偶发的太阳粒子活动(SPE)可能也有一定的影响。在近地轨道的国际空间站上,受地磁场对带电粒子的屏蔽作用,可以忽略SPE的影响,银河宇宙辐射会沿空间站的飞行轨迹受到调制。在行星表面,如在火星上,地下的反照粒子和与大气相互作用的次级粒子(如果存在)会加入到辐射场。次级粒子,尤其是中子,会对暴露辐射产生显著影响。在所有情况下,潜在的屏蔽环境又能进一步改变辐射场,由此产生的粒子通量导致人体在给定条件的环境中辐射暴露。辐射暴露的计算方式是用相应的品质因子(QF)或相对生物效能和器官权重因子对组织中的能量沉积进行加权。大多数情况下,如果进行测量,剂量率就由硅探测器中的能量沉积确定,并且需要进行相应的校正来估计组织中的剂量。此外,如果要确定器官剂量,还必须考虑人体的辐射自我防护与屏蔽作用。

关键词:银河宇宙辐射,太阳粒子活动,范艾伦辐射带,吸收剂量,剂量当量,有效剂量当量,人体模型,无源探测器,有源探测器,辐射暴露

2.1　辐射场

每个人都会长期暴露在自然辐射下。对大多数人而言,大部分辐射来自土

壤中天然存在的环境放射性核素或其衰变产物。宇宙辐射对总自然暴露量的影响平均约为15%(联合国原子辐射影响问题科学委员会(2000)给出宇宙辐射年有效剂量的平均值为380μSv,总计2.4μSv)。实际值还取决于海拔高度、当地土壤成分和日常饮食等因素。

然而,在某些条件下源自地球之外太空的辐射贡献会增加,并且可能成为唯一相关的因素。这种辐射源有三方面:在银河系的GCR中原子核在银河的河外源被加速到极高能量;在太阳耀斑或日冕物质抛射中,质子和电子在靠近可见太阳表面或行星际空间被加速形成SEP;暂时困在地球磁场辐射带中的质子和电子。这种辐射的性质在能量和成分上与地球上的辐射源不同。GCR中的重离子具有高生物效能,能量极高,在目前人类航天技术限制下根本屏蔽不了它们。初级辐射与屏蔽材料的相互作用会产生复杂的次级辐射场,其中含有越来越多的中子。在太空中遇到的辐射源的粒子能量通常比典型的地面辐射源的能量大得多。例如,来自放射性衰变的α粒子(完全电离的氦核),其动能在兆电子伏(MeV)量级($1eV=1.602\times10^{-19}J$),而来自GCR的粒子的能量则超过几十甚至几百吉电子伏,这使得它们能够穿透比保护α粒子免受放射性衰变所需厚度要厚几个数量级的屏蔽层。

图2.1概述了太空不同辐射源的能量范围。可能与电离辐射有关的源是近地轨道中捕获的质子和电子(在舱外活动期间)、太阳起源的质子和银河宇宙辐射。

2.1.1 银河宇宙射线

银河宇宙射线(或银河宇宙辐射)由高能粒子辐射组成,这些辐射从星际空间进入日球层,并起源于超新星遗迹等银河源(Blasi,2013)。业界认为星际空间中的银河宇宙辐射强度不随时间改变,而且在日球层之外银河宇宙辐射的强度由局部星际光谱决定。在到达日球层某一特定位置的过程中,银河宇宙辐射谱的形状通过带电粒子与星际介质中磁场的相互作用而发生变化。这种影响的强度主要取决于粒子的能量和电荷,以及太阳活动和相关的太阳风速度,因此,在太阳活动强烈的时期(太阳极大)最强,在太阳活动较低的时期(太阳极小)最弱,这就导致银河宇宙辐射强度与太阳活动呈负相关,在太阳活动低的时

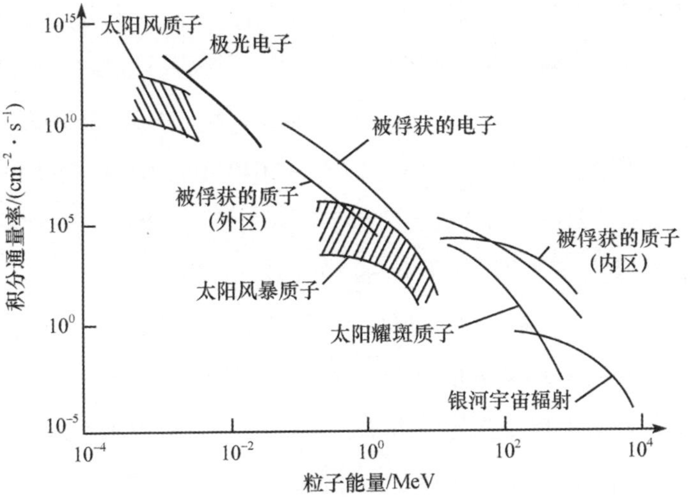

图 2.1 空间辐射场不同成分的近似能量范围和光谱(Wilson ,1978)

候强度最大,反之亦然。

对于空间辐射暴露,只有银河宇宙辐射的强子部分有作用。银河宇宙射线中的电子和正电子的强度为 1%~2%(Boezio 等,1999,2000),剂量甚至更低,因为每积分通量的剂量(取决于粒子能量)明显低于质子和更重离子的剂量。强子部分主要由质子(约 87%)、α 粒子(约 12%)和少量较重的离子组成(Simpson,1983)。尽管重离子的丰度很低,但它们对辐射剂量的影响十分大,所以在测量和模型中务必要准确地考虑。模型预测的近地星际空间银河宇宙辐射丰度和国际空间站轨道上的平均银河宇宙辐射丰度如图 2.2 所示。

银河宇宙辐射导致暴露的相关能量范围取决于特定的屏蔽环境,范围通常为 100MeV/n~100GeV/n (Mrigakshi 等,2013a)。

对于包括额外磁屏蔽的高屏蔽环境,能量最大可达 1TeV/n。例如,航空中的低纬度飞行就属于这种情况。

在几十 GeV 至 1TeV 的能谱中,银河宇宙辐射能谱遵循幂律,其谱指数约为 −2.7(Blasi,2013),更细致的研究表明该指数对于不同的能量并不恒定,对于所有银河宇宙辐射粒子也并不相同(Adriani 等,2011;Aguilar 等,2015a,b)。例如,显示在 200GeV 以上的质子谱硬化(Aguilar 等,2015b)。在 3×10^6GeV 左右拐点的更高能量下,能谱更陡。在低于几十 GeV 的能量下,能谱逐渐弯曲,在 500MeV/n 左右出现最大值。该区域受到太阳调制的强烈影响,强度在太阳活动周期内发生变化。图 2.3 显示了由 Matthiä 等(2013)和 Badhwar-O'Neill(2014)(美国国家航空航天局,2015)描述的 2010 年太阳极小期和 1991 年太阳极大期氢(质子)、氦(α)和铁核的银河宇宙辐射能谱。Badhwar-O'Neill 模型的数据来自美国国家航空航天局的 OLTARIS 工具(oltaris. nasa. gov)。在 100MeV/n 时银河宇宙辐射通量的变化范围约为一个数量级,且随能量的增加而减小。能量在几十 GeV/n 的粒子几乎不受太阳调制的影响。图 2.3 给出了太阳极小期和极大期以及星际空间和国际空间站轨道上 H($Z=1$)和 Fe($Z=26$)的原子核在 10MeV/n~200GeV/n 之间能量积分的总通量率。结果表明,氢原子核比重原子核受太阳调制的影响更大,在国际空间站轨道上的变化比在星际空间要弱得多,其原因是国际空间站轨道上的磁屏蔽使得很大一部分受太阳调制影响最大的低能量初级粒子发生偏转。与星际空间相比,国际空间站平均轨道上的总通量减少了大约一个数量级,原因是磁屏蔽和地球屏蔽的共同作用。

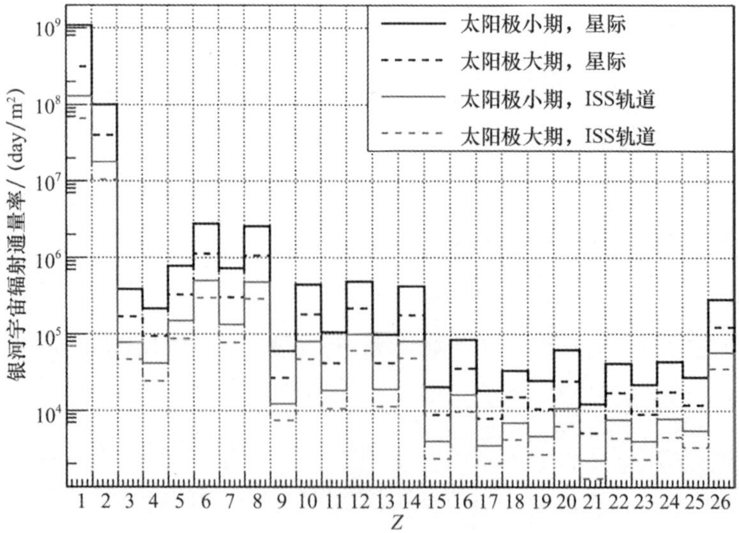

图 2.2 根据 Matthiä 等(2013)的模型预测,在近地星际空间和国际空间站轨道上,在太阳活动极大期和极小期条件下,Z 为 1(氢)~26(铁)的 GCR 的粒子通量率

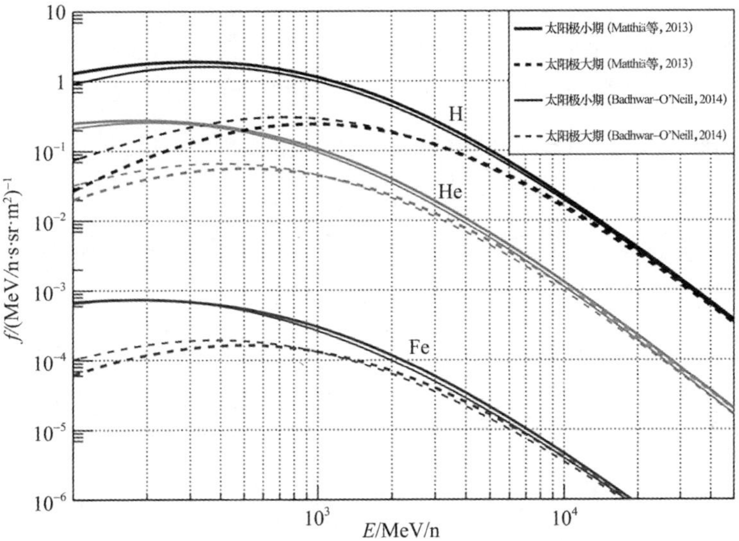

图 2.3 两种模型 Matthiä 等(2013)和 Badhwar-O'Neill,2014 所描述的太阳极大期和极小期时质子(H)、α 粒子(He)和 Fe 离子的银河宇宙辐射光谱(美国国家航空航天局,2015)

银河宇宙辐射(GCR)强度在太阳活动周期内的变化,会转化为空间辐射暴露的变化,其大小取决于屏蔽情况和剂量。Mrigakshi 等(2013b)估计,在弱屏蔽环境中,过去几十年中最极端的 GCR 最小值与最大值之间的比值,对于星际空间来说约为 3 倍,对于国际空间站平均轨道约为 2 倍。美国国家航空航天局(1999)给出的无屏蔽星际环境的数值也与之类似,并且预测随着磁屏蔽的增强,变化幅度会减小。星际空间中的质量屏蔽与低倾角近地轨道中的磁屏蔽类似,都会降低低能量初级 GCR 的相对作用,这就是太阳调制驱动剂量率发生变化的原因。对 GCR 暴露的估算取决于 GCR 模型的准确性,Mrigakshi 等(2013a)、Slaba 和 Blattnig(2014)研究了在辐射预测中应用不同 GCR 模型的影响。结果表明,如果 GCR 模型没有充分进行基准标校,那么使用不同模型对初级 GCR 预测的剂量率差异很容易超过 50%。

2.1.2 太阳辐射

太阳可持续产生大范围波长的电磁辐射,而太阳高能离子(SEP)的产生则局限于持续数小时至数天的特定事件。高能粒子的来源是太阳可见表面上或附近的活动区域,如太阳耀斑、太阳附近或行星际空间中的日冕物质抛射(CME)。在这些事件中,电子、质子以及一小部分较重离子等带电粒子被加速到相对论能量。太阳耀斑中的磁重联事件会加速粒子,且持续仅数小时,与伴随日冕物质抛射的激波中粒子加速的渐进事件相比,该类事件的持续时间更短,通量更低,因此与辐射暴露的相关性较小。CME 事件持续时间更长,通常包含大量高能质子(Reames,2013; Desai 和 Giacalone,2016)。出于辐射暴露的考虑,只有质子会被纳入考量,而忽略其他粒子。在地球上观测到的 SEP 事件的特征有很大差异,并取决于许多因素,如观测者与激波前沿的磁联系、CME 速度和周围星际介质的条件。粒子注量较大通常是由于 CME 速度较快,而观察到的事件发生在太阳西半球也对此有影响。事件期间粒子通量的时间分布取决于所考虑的能量以及观测者与高能粒子源的连接方式(Reames,1999; Cane 和 Lario,2006)。从事件开始到粒子通量峰值之间的上升时间可以在几分钟到几天之间,事件的持续时间也不同。对于几十 MeV 的低能量,只有当 CME 激波通过观测者时才能达到最大值。这些粒子称为高能风暴粒子(ESP)。

太阳高能粒子(SEP)的能谱从几 keV 一直到几百 MeV。在最强烈的这些事件中,质子的动能甚至可以达到几 GeV。如果粒子注量足够大,那么中子监测站也可以在地面观察到宇宙辐射强度的增加(Simpson,2000)。这些事件称为地面事件或增强事件(GLE)。近几十年里,GLE 平均每年发生一次,在太阳活动高峰期发生频率增加。然而,在 2010 年至 2020 年期间,只记录到两次这样的事件,分别发生在 2012 年 5 月 17 日和 2017 年 9 月 10 日,原因在于当前太阳周期中的太阳活动平稳。强度和粒子能量较低的太阳粒子活动更频繁,Gopalswamy 等人(2015)列出了 2010 年 8 月至 2014 年 11 月之间的 37 次大型 SEP 事件,与以前的太阳周期相比,这个数字仍然很小。质子的能谱可以用能量或刚度的单次或双次幂定律来描述。能谱的斜率对辐射暴露的影响具有重要意义。具有大量低能量粒子的弱光谱更容易被质量或磁场屏蔽,并且人体内的辐射暴露预计比包含相对较大部分高能量粒子的强事件的情况下不那么均匀。

图 2.4 说明了 Tylka 等(2010)得出的事件积分微分通量谱,他们通过指数截断的刚性双幂律描述积分质子谱(Band 等,1993)。Townsend 等(2018)向 NASA 推荐将 1989 年 10 月事件的能谱总和,作为设计太阳粒子事件的风暴避难所的标准。

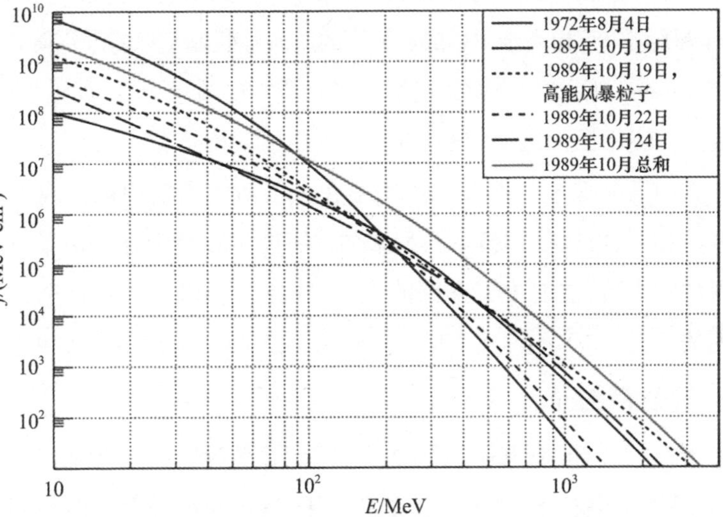

图 2.4 (见彩图)由 Tylka 等(2010)所描述的大型太阳高能粒子事件的能谱

1989 年 10 月的事件具有相对较强的能谱,这意味着它包含了大量能量在几百 MeV 以上的高能质子。这些粒子可以穿透中等或甚至较厚的屏蔽(铝中 200MeV 质子的射程约为 120mm,1GeV 质子的射程约为 1.5m),并在辐射强度降低的情况下对暴露量产生贡献。Townsend 等(2018)估计,1989 年 10 月事件的器官剂量率将超过 250mGy-Eq(毫戈瑞当量,参见 2.2.1 节)的暴露限值,屏蔽量低于约 $10g/cm^2$ 铝(约为 4cm)。较弱的事件在较低的能量下可能有较大的能量密度,这就可能导致在较弱屏蔽条件下产生的剂量较高,如在舱外活动期间。预期的总剂量受到粒子谱、时间分布和特定屏蔽条件的综合影响。例如,如果低能量下的通量较高,那么在较弱屏蔽环境下,弱事件的剂量可能比强事件的剂量大。在屏蔽更厚的位置,情况则相反,强事件中会有更多的高能粒子进入能谱,可能导致剂量越大。宇航员在某一事件中辐射的总剂量结合了事件组合特征(例如,从开始到峰值上升时间、光谱强度和总持续时间)和特定辐射条件(例如,屏蔽环境和在不同地点停留的持续时间),所以十分复杂。例如,在上升时间较短且峰值尖锐的大型事件中,对于有辐射屏蔽的宇航员来说,快速躲到屏蔽处比经历一个总注量相似但上升时间长、峰值没那么尖锐的事件更为重要,因为前者能更快降低注量。

因此,很难概括说明太阳高能粒子事件对剂量的影响,但大多数估计结果都显示,对于星际空间,相当于 10~20g/cm^2 的质量屏蔽就足以将暴露降低到电流阈值以下(Townsend 等,2018),而其他暴露场景所需的质量更低,如近地轨道、月球或火星表面,其原因是磁层、大气层和行星提供了额外屏蔽。

由于太阳高能粒子事件的发生频率在太阳活动周期内以及在不同的活动周期内各不相同,可以使用概率模型来估计宇航员在特定任务情景下暴露到特定量级事件的风险,这取决于事件的大小、任务时长以及发射日期相对于太阳活动周期的位置,如 Xapsos 等(2000)、Kim 等(2009)、Jiggens 等(2018)。

2.1.3 辐射带粒子

辐射带是指地球周围的区域,从广义上说,是指任何具有全球磁场的行星区域,包含高能带电粒子,主要是质子和电子,这些高能粒子暂时被困在磁层的环形结构中。对于地球来说,这种环形结构从地面以上数百千米延伸到数万千米。辐射带是受太空气象影响的动态结构,例如受太阳风压、日光层磁场和银河宇宙辐射强度的影响(Baker 等,2018)。通常,地球周围有两个辐射带,内辐射带和外辐射带(图 2.5)。内辐射带主要包含能量高达几 GeV 的质子和一小部分电子。内辐射带高能质子的主要来源是宇宙射线反照中子衰变(CRAND)过程(Jentsch,1981),不过其他的来源也有贡献。

根据高度和倾角的不同,地球轨道上的物体每天数次穿越辐射带,并暴露到不同强度、能量范围广泛的辐射带粒子中。对人类空间飞行影响最大的是南美洲东南部和南大西洋上方的一个区域,即南大西洋异常区(SAA)。在这个区域中,由于地球的偶极状磁场的轴相对于其旋转轴发生倾斜和移动,内部辐射带很靠近地球表面,甚至距离地面只有几百千米。因此,低地轨道上的物体,特别是空间站中的物体,每天都数次穿越 SAA,并受到该区域内显著增强的粒子通量的影响(图 2.6)。

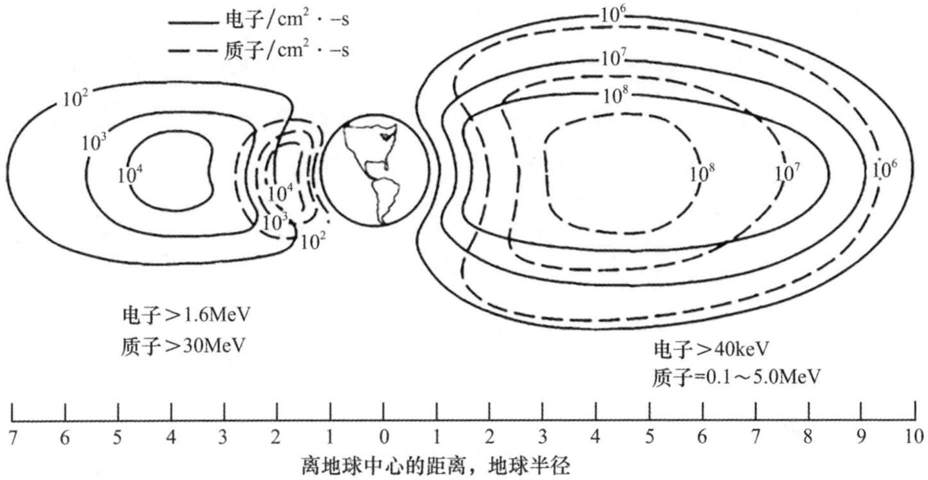

图 2.5　内辐射带和外辐射带中电子和质子的粒子通量率(美国国家航空航天局,1991)

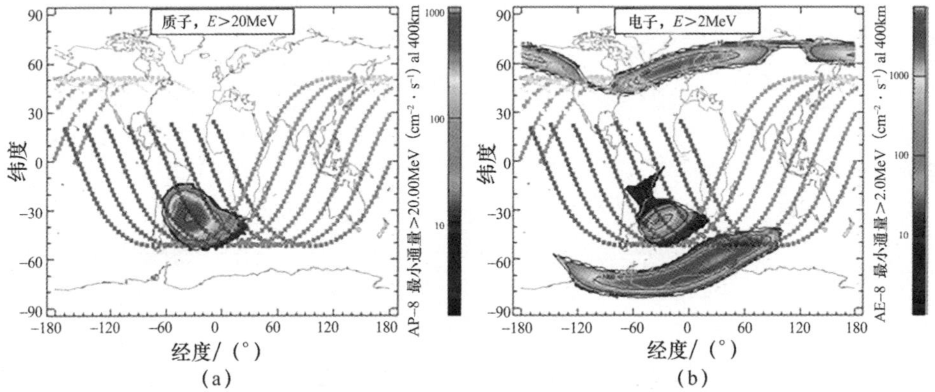

图 2.6　(见彩图)SPENVIS 中的 AP8 模型预测的辐射带中捕获的质子(a)和电子(b),高度约为 400km,即国际空间站的高度。叠加图显示了 51.6°倾角轨道的多个通路

图 2.7 显示了从 SPENVIS 中的 AP8/AE8(Vette,1991)和 AP9/AE9(Ginet 等,2013)模型得出的类似 51.6°倾斜轨道、高度为 400km 的国际空间站中的差分能谱在太阳活动极小期 10 天的平均值。上图展示了铝中质子和电子的射程。根据模型,在该轨道上遇到的被捕获粒子环境包含来自南大西洋异常区内辐射带的能量高达几百 MeV 的质子(图 2.6)和主要来自外辐射带的能量高达近 10MeV 的电子。

几毫米的铝可以阻挡几 MeV 量级的电子，而具有最高能量的辐射带质子则可以穿透几厘米厚的屏蔽层，再加上电子强度在 1~10MeV 之间骤降几个数量级，就意味着在国际空间站轨道上电子对剂量增加贡献大可忽略，而捕获的质子对吸收剂量的影响则可达 50%以上。

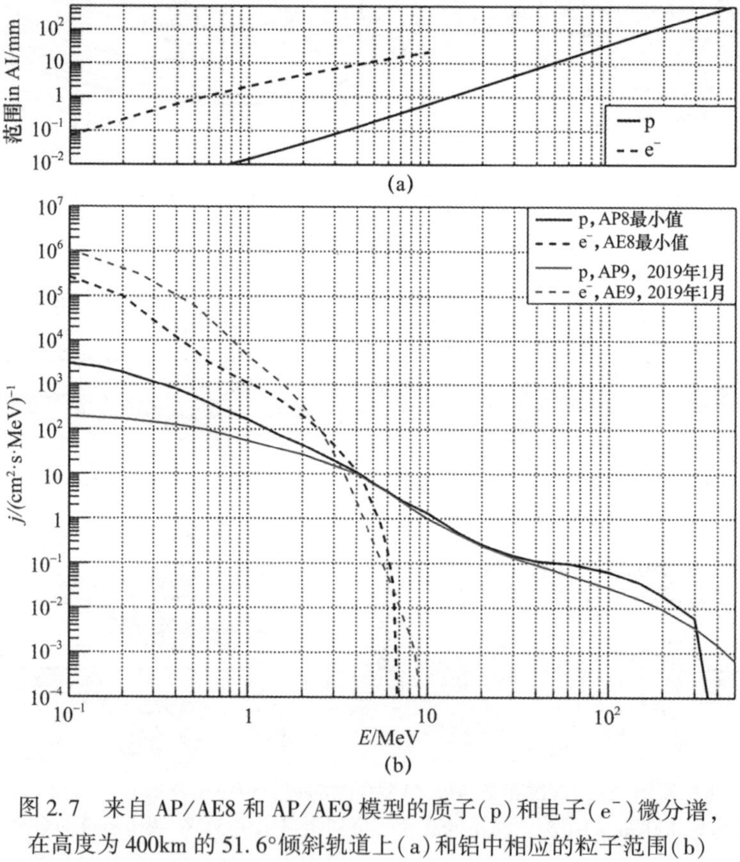

图 2.7　来自 AP/AE8 和 AP/AE9 模型的质子(p)和电子(e^-)微分谱，在高度为 400km 的 51.6°倾斜轨道上(a)和铝中相应的粒子范围(b)

2.2　辐射剂量学

2.2.1　剂量数量

国际辐射单位与测量委员会(ICRU)和国际辐射防护委员会(ICRP)已经建立了一个与辐射防护有关的剂量数量、定义和建议框架并不断进行了完善。本章概述了与太空探索有关的最重要量，相关报告有《2007 国际辐射防护委员会建议》(*The* 2007 *Recommendations of the International Commission on Radiological Protection*)(ICRP,2007)、《宇航员在太空的辐射评估》(*Assessment of Radiation Exposure of Astronauts in Space*)(ICRP,2013)、《成人参考计算模型》(*Adult Reference Computational Phantoms*)(ICRP,2009)和《电离辐射基本量和单位(修订本)》(*Fundamental Quantites and Units for Ionizing Radiation*(*Revised*))(ICRU,2011)。本节只介绍了最相关的量,感兴趣的读者可参阅国际辐射单位与测量委员会和国际辐射防护委员会的报告了解详情。

在地球上,辐射防护以有效剂量和环境剂量当量为基础,例如,在航空中受到宇宙辐射的剂量(ICRP,2016)。然而,在太空中,有效剂量并不适用,因为重离子使用单一的辐射加权系数 $\omega_r = 20$,而这通常对于银河宇宙辐射高能核来说并不是十分有效(ICRP,2013)。建议使用基于品质因子而不是辐射加权因子的有效剂量当量。辐射防护委员会没有发现适用于在空间受到宇宙辐射照射的操作剂量。

辐射防护中的许多导出量所基于的剂量学量是吸收剂量 D,其通过 ε 定义,即质量为 m 的体积赋予的能量,即

$$D = \frac{\mathrm{d}\varepsilon}{\mathrm{d}m} \tag{2.1}$$

吸收剂量的单位为 G_y($1G_y = 1\mathrm{J/kg}$)。

可以通过对相关体积进行积分,得到宏观体积中的吸收剂量。若目标体积是人体中某种类型的组织或器官 T,则该体积中的吸收剂量表示为 D_T。

考虑不同类型辐射的生物相关性,引入了品质因子 Q,并将剂量当量定义为

$$H = Q \cdot D \tag{2.2}$$

吸收剂量的单位为 Sv(1Sv = 1J/kg)。同样,若考虑组织中的吸收剂量 T,则相应的剂量当量 $H_T = \overline{Q}D_T$,其中 $\overline{Q}$ 是组织中的平均品质因子。由国际辐射单位与测量委员会(1986)和国际辐射防护委员会(1991)定义的品质因子是一个无量纲数,仅取决于沉积能量的粒子的线性能量转移。

国际辐射单位与测量委员会(2011)将线性能量转移 L_Δ 或等效的受限线性

电子阻止能力定义为 dE_Δ 与 dl 的商(其中 dE_Δ 是带电粒子在穿越距离 dl 时由于电子相互作用而损失的平均能量减去带电粒子释放的所有电子中超过 D 的平均动能),即

$$L_\Delta = \frac{dE_\Delta}{dl} \tag{2.3}$$

非受限线性能量传递 $L_\infty \equiv L$ 与电子阻止能量相同。根据这一定义,国际辐射单位与测量委员会于 1991 年将品质因子定义为 L(或线性能量转移)的连续函数:

$$Q(L) = \begin{cases} 1, L < 10\text{keV}/\mu\text{m} \\ 0.32L - 2.2, 10\text{keV}/\mu\text{m} \leqslant L \leqslant 100\text{keV}/\mu\text{m} \\ 300/\sqrt{L}, L > 100\text{keV}/\mu\text{m} \end{cases} \tag{2.4}$$

电子和正电子等所有低 L 粒子的品质因子都是统一的,对于 μ 子和 π 子,品质因子也大多是 1;对于质子和较重的原子核,品质因子可能会更大。在 $L>$ 100keV/μm 时,品质因子达到最大的 30。

ICRP(2013)将组织中某一点的品质因子定义为

$$Q = \frac{1}{D}\int_{\infty}^{L=0} Q(L) D_L \mathrm{d}L \tag{2.5}$$

式中:D 为组织中的吸收剂量,$D_L = dD/dl$ 是感兴趣点处 D 在 L 中的分布(对于水中的带电粒子)。

基于剂量当量,ICRP 定义了全身数量有效剂量当量 H_E,它使用的是组织加权因子 ω_T(式(2.7))与器官剂量当量的加权和。除建议使用有效剂量的地面辐射防护措施外,国际辐射防护委员会(2013)建议了在太空宇宙辐射领域使用有效剂量当量。

国际辐射防护委员会(2007)引入了最新组织加权因子(表 2.1),加权因子基于涵盖随机效应(辐射诱发的癌症和遗传性疾病)的实验数据,对年龄和性别进行平均后的结果。

有效剂量当量定义为

$$H_E = \sum_T \omega_T H_{T,Q} = \sum_T \omega_T Q_T D_T \tag{2.6}$$

式中：总和为表 2.1 中列出的所有组织 T；Q_T 和 D_T 为各组织的器官平均品质因子和吸收剂量。

对于已知的辐射场，国际辐射防护委员会（2013）提供了相关粒子、器官的通量-剂量转换系数，以及参考人体模型（ICRP，2009）的总有效剂量当量，该模型可与粒子通量谱合并计算场内剂量。

表 2.1 国际辐射防护委员会推荐的组织加权因子

组织	w_T	$\sum w_T$
骨髓（红色）、结肠、肺、胃、乳房、其余组织	0.12	0.72
性腺	0.08	0.08
膀胱、食管、肝脏、甲状腺	0.04	0.16
骨表面、脑、唾液腺、皮肤	0.01	0.04
	总计	1.00

资料来源：国际辐射防护委员会（2009）。

注：其余组织包括肾上腺、胸外（ET）区、胆囊、心脏、肾脏、淋巴结、肌肉、口腔黏膜、胰腺、前列腺（♂）、小肠、脾、胸腺、子宫/子宫颈（♀）。

不应将美国国家航空航天局（2013）定义的 NASA 有效剂量与国际辐射防护委员会定义的有效剂量混淆。然而，它在形式上与关于使用质量和组织加权因子的有效剂量当量相同，但在数值上不同。综上所述，在 ICRP 有效剂量中，吸收剂量用辐射加权因子加权。NASA 应用了一个风险模型，该模型将致命实体癌和白血病的风险分开，所应用的品质因子不仅取决于线性能量转移 L，还取决于参数 Z^{*2}/β^2，其中 Z^* 和 β 分别是有效电荷数和相对于光速的粒子速度（第 4 章）。此外，ICRP 将非致命癌症的风险纳入其性别和年龄平均组织加权系数，而 NASA 的品质因子是基于癌症死亡风险。

对于非随机（确定性）辐射风险，国家辐射防护与测量委员会（2000）和国际辐射防护委员会（2013）都建议使用器官吸收剂量 D_T 与相对生物学效应（RBE，3.3 节）加权，即 Gy-Eq。国际辐射防护委员会和国家辐射防护与测量委员会建议宇宙暴露的相对生物学效应值在 1~6 之间。

航天局根据上述数量制定其辐射防护框架和剂量限值。对于随机辐射影响，俄罗斯、欧洲和加拿大的航天局使用国际辐射防护委员会推荐的职业限值为 1Sv。日本宇宙航空研究开发机构和 NASA 采用与年龄、性别相关的暴露诱导死亡风险(REID)限值。除了与随机效应有关的限值外,这些机构还在不同器官上引入剂量限值来考虑非癌症效应,例如,对于 NASA 的宇航员来说,非癌症影响为 30 天、一年和整个职业生涯的剂量限值已明确(NASA,2014)。欧洲航天局规定了造血器官、眼睛和皮肤的 30 天和年度限值(Straube 等,2010)。McKenna-Lawlor 等(2014)总结了当前的剂量限制。

2.2.2 辐射探测器及校准

剂量学需要一个专门的辐射探测器来确定所研究的辐射场相关量。对于空间辐射剂量测定的应用,探测器系统必须能够测量第 1 章中定义的相关辐射防护量,但有效剂量当量除外,这个值只能通过计算得出。这意味着,必须使用一种能够以任意方式测量吸收剂量、线性能量转移(LET)谱,从而测量辐射场的品质因子以及剂量当量的探测器系统。有效剂量当量只能在太空中通过应用相关的人体模型,对测量得到的剂量当量进行计算得出。

对于空间辐射场的测量,可以分两种探测器。第一种是无源辐射探测器,它能够将电离辐射沉积的相关能量存储在探测材料中。典型例子有热释光(TL)或光学受激发光(OSL)探测器以及核径迹蚀刻探测器(CR-39)。第二种是有源(以某种方式供电的)仪器,例如,基于硅探测器或基于组织等效比例计数器原理的仪器。这两种探测器各有优缺点,虽然无源探测器质量低、尺寸小,不需要任何外部电源和数据接口,可以很容易地放置在航天器内的不同位置,但是不能提供随时间变化的数据,通常返回实验室进行评估。无源探测器将提供一个在各自暴露时间内积分的数据值。

有源探测器使研究人员能够获得时间分辨数据,从而有可能在短时间尺度上分辨辐射环境的变化,例如在太阳粒子活动期间。然而,必须考虑为有源探测器提供电源和数据接口,这对某些应用来说可能要求过高。几十年来,两种探测器已用于各种太空任务,在即将到来的月球和火星探测计划的框架内,有源探测器将成为主要的应用工具,提供实时数据能力以及对极端辐射事件的潜在报警能力,例如 SPE(可参见有关空间站上应用的仪器以及前往月球和火星的任务的总结(Berger,2008;Caffrey 和 Hamby,2011;Narici 等,2015))。

所有仪器都需要根据空间辐射场的相关成分进行校准。这可以在世界各地为各种粒子种类提供参考辐射场的各种设施中完成。例如，德国不伦瑞克的工程物理研究所提供单能中子辐射场，瑞士欧洲核子研究组织的欧洲核子研究中子参考场提供类似于高海拔的中子光谱。

对太空特别重要的是在提供重离子的设施中进行校准，以模拟太空中遇到的银河宇宙辐射环境。其中一个设施是位于日本千叶的国立放射科学研究所的重离子医用加速器(HIMAC)，如图2.8所示。太空辐射界采用HIMAC设施，于2000年初启动了ICCHIBAN项目，旨在对比无源探测器和有源探测器的特性，从而也能够建立有关仪器特性的数据库(Uchihori 等，2002；Yasuda 等，2006)。在过去的20年里，人们在对太空应用的各种无源探测器(Berger 和 Hajek，2008)和有源探测器(Berger 等，2019)的校准和比较上投入了大量的精力，目前用于国际空间站、月球或火星上辐射测量的绝大多数有源仪器都已在HIMAC设施进行了校准(Benton 等，2019)。

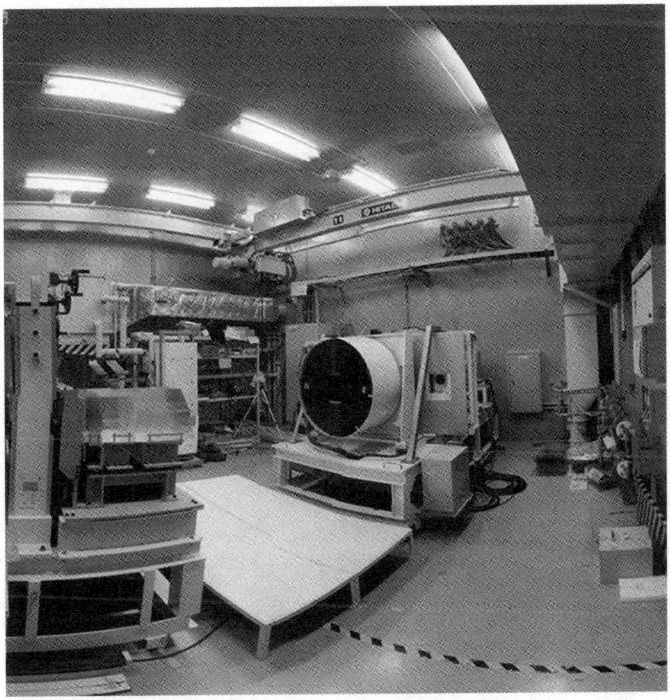

图2.8 (见彩图)日本千叶的国立放射学研究所的重离子医用加速器
(© Bartos Przybyla，德国宇航中心)

2.2.3 空间辐射剂量测定的历史

1912 年,Victor Franz Hess 开启了著名的气球飞行,这一行动促成了银河宇宙辐射的发现,也使他在 1936 年获得了诺贝尔奖。赫斯把他发现的辐射称为"高空辐射"(德语手写原稿):"……对于目前观察到的结果来说,最好的解释似乎是,假设穿透能力非常高的辐射从上空进入大气层,并且仍然可以产生可以在海拔高度较低的密闭容器中观察到的一部分电离……"。图 2.9 展示了他的飞行实验结果,显示了电离率与平均海拔高度的关系。

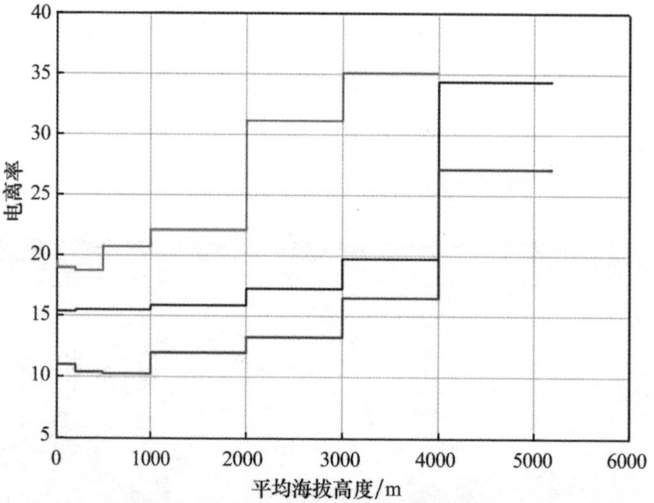

图 2.9 (见彩图)赫斯测量的大气中的电离率
(根据赫斯 1912 年提供的原始数据绘制的图表)

接下来几十年的进一步研究发现,这些粒子是带电离子,它们来自太阳系以外,这促成了宇宙辐射这一名称的诞生,Cecil Powell 也因此在 1950 年荣获诺贝尔奖(Powell,1950)。Carlson(2012)对这些历史事件进一步概述,1957—1958 年的国际地球物理年促使人类发现了地球辐射带(Ludwig,1962)。

这些辐射是通过放置各种辐射探测器发现的,例如在美国探索者卫星上,最终以美国主要科学家 James Van Allen 的名字命名范艾伦辐射带(Van Allen 和 Frank,1959;Van Allen 等,1959a,b)。莫斯科国立大学的 Sergei Vernon(Vernov 和 Chudakov,1960)在人造卫星 2 号任务中放置了一个 Geiger-Müller 计数器，并得出了与 James Van Allen 相同的结论(Baker 和 Panasyuk，2017)。因此，在 20 世纪 60 年代初人类开启太空时代时，已经知道地球被辐射带包围，宇宙辐射也会进入地球大气层。

然而，美国开始进行载人航天任务辐射测量的原因有所不同。大气层中核爆炸的数量(Hess，1964)和随后人造辐射带的产生，特别是在水星任务前不久的 1962 年“海星”一号核爆炸之后产生的人造辐射带，导致美国声明“……1962 年 7 月 9 日的高空核爆炸产生了一个人造可俘获的电子辐射带，因此有必要在水星‘阿特拉斯’八号(MA-8)任务中使用的航天器上放置辐射剂量计……”(Warren 和 Gill，1964)。这是载人航天辐射测量的起点。图 2.10 显示了水星任务中的宇航员在身上放置无源热释光探测器的位置。

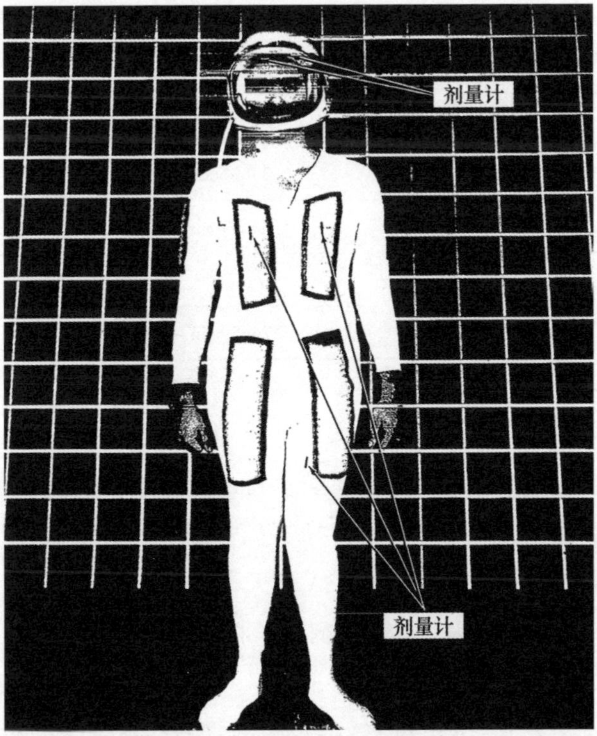

图 2.10　水星任务中在飞行员身上放置热释光探测器的位置(Warren 和 Gill，1964)

从 NASA 的水星任务(Warren 和 Gill，1964)开始到随后的双子座任务(Richmond，1972)，所有宇航员都配备了无源辐射探测器，航天器中还使用了核乳胶和电离室等辅助仪器。在阿波罗任务期间，English 等（1973）、Schaefer 等（1972）以及 Schaefer 和 Sullivan（1976）开展了各种实验以测定辐射负荷。

根据 Benton（1984）提供的与太空有关的放射剂量测定数据，表 2.2 给出了阿波罗登月任务期间受到的辐射剂量。

值得注意的是，德国的第一个实验——生物堆实验（Buecker 等，1973）已经作为阿波罗 16 号和 17 号任务的一部分执行了飞行任务，其目的是关联近地轨道外的辐射环境及其对生物样本的影响。这项实验用热释光探测器测量的任务总剂量为 5.0~6.2mGy，与 NASA 探测器提供的数据非常接近（见表 2.2 中阿波罗 16 号任务）。

表 2.2　阿波罗任务概述

阿波罗任务	持续时间/h	月球表面持续时间	平均辐射剂量/mGy
11	194.0	21h38min	1.8
12	244.5	31h31min	5.8
14	216.0	33h31min	11.4
15	295.0	66h54min	3.0
16	265.8	71h2min	5.1
17	301.8	74h59min	5.5

资料来源：Benton 提供的数据（1984）。

值得一提的是，当时为了登月太空竞赛，俄罗斯的科学家也在为其航天器研发辐射探测器并开展辐射剂量学研究。Benton 和 Henke（1983）提供了在“东方号”“上升号”（1961—1965 年）和“联盟 3 号”至“联盟 9 号”任务（1968—1970 年）期间测量的数据。随着 NASA 航天飞机任务的开始，有了可供科学研究的新型航天器，它也成为获取太空剂量学相关数据的平台。Benton（1984）总结了从 STS-1 到 STS-41 任务的第一批数据。随后的和平号空间站已经在内部安装了辐射仪器（如 R-16 电离室），并为宇航员提供基准数据和可能的报警能力。随着太空合作的增加，例如航天飞机访问和平号空间站（航天飞机-和平号任务），提供探测器和比较其测量结果的团队数量有所增加。Badhwar 等（2002）对在和平号空间站内应用的所有仪器及其特性进行了出色的总结，还概述和比较了在和平号空间站内不同位置的测量和计算的辐射值。*Radiation on the MIR Space Station*(《和平号空间站上的辐射》)(Radiat MEAS. 35,5,2002)全面比较了不同机构在和平号空间站的所有测量结果。

自20世纪90年代末国际空间站发射以来,辐射探测器已成为美国和俄罗斯舱段的一个组成部分,并且至今都作为可用探测器与其他仪器一起用于各种辐射科学研究,内容见 Berger(2008)和 Narici 等(2015)的著作。

2.2.4 人体模型实验

空间辐射剂量学的首要目标之一,是为宇宙射线诱发的晚期效应(如癌症)的风险评估奠定坚实基础,即便与这些大量独特的辐射场相关的放射生物学仍不明确。使用专门的模型模拟太空旅行者的身体,可以提供详细的剂量分布图,这大大有助于评估不同器官和组织吸收的剂量。剂量通常是使用大量的微型剂量计来测量的,如热释光(TL)荧光粉,它们在人体内排列成一个规则的网格。由于这种模型的质量相当大,实际在近地轨道上进行的实验数量有限。表2.3列出了太空任务中进行的人体模型实验。

这些实验始于1989—1990年航天飞机上的第一个仿真人体头部模型实验(Konradi 等,1992),随后是1997—1999年空间站(和平号)上的球形人体模型实验(Berger 等,2004),以及第一次在太空中暴露的整个仿真人体躯干上半身模型实验(Space Shuttle,1998)。首次航天飞机的飞行实验根据放置在人体模型内的辐射探测器的数据确定了人体的有效剂量当量(Yasuda,2009)。这个躯干模型(所谓的 FRED)也在2001年的装配阶段2期间首次应用于国际空间站内的人体躯干测量实验。第二个更高级的球形人体模型(MATROSHKA-R)从2004年开始在国际空间站内进行测量实验(Kireeva 等,2007),同时还有欧洲航天局 MATROSHKA(MTR)实验(MTR-Ⅰ阶段在空间站外进行的)(Reitz 等,2009)。此外,还在空间站俄罗斯舱段的 MTR-2A 和 MTR-2B 阶段实验体系下以及空间站日本部分的 MTR-2 KIBO 实验体系下进行了 MATROSHKA 实验。这是人体模型首次在空间站外长期暴露,同时也是空间站内执行的三项长期任务。

表 2.3　太空任务中进行的人体模型实验

实验	年份	地点
头部模型	1989—1990 年	航天飞机任务-28/航天飞机任务-36/航天飞机任务-31
球形人体模型	1997—1999 年	和平号空间站
人形模型 FRED	1998 年	航天飞机任务
	2001 年	国际空间站
球形人体模型 MATROSHKA-R	2004 年至今	国际空间站
人形模型 MATROSHKA	2004—2012 年	国际空间站

如前所述,欧洲航天局的 MATROSHKA 实验设施和相应的 MATROSHKA 实验,是国际空间站上迄今完成的测定有效剂量当量的规模最大实验。

在 MTR 设施内,使用数千个无源热释光探测器来测定尽可能接近人体模型内的相关器官剂量。此外,在人体模型表面放置探测器,以此检测皮肤剂量(Berger 等,2013)和表面剂量当量,并与最终确定的有效剂量当量(Puchalska 等,2014)进行比较。关于 MATROSHKA 实验的更多信息。图 2.11(a)是 MTR-1 实验框架中安装在空间站俄罗斯舱段外的 MATROSHKA 设施的图片,图 2.11(b)是这次辐射期间测量的三维剂量分布结果,这些结果是计算器官剂量和进一步确定有效剂量当量的基线。

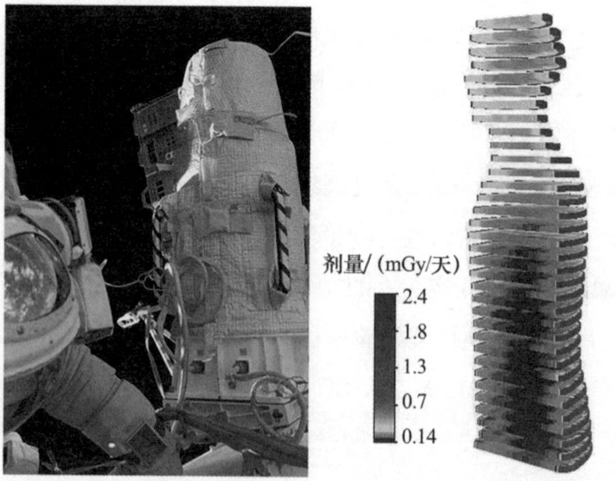

(a)　　(b)

图 2.11　(见彩图)MTR-1 舱外暴露的三维辐射剂量分布(德国宇航中心数据)

据评估，外部暴露（MTR-1）的有效剂量当量（表2.4）是身体表面测得剂量（皮肤剂量）的1/3~1/2，这是由于人体对在国际空间站外遇到的较低能量电子和质子有自我屏蔽作用。对于内部辐射，人体表面剂量测定计仍会保守地将有效剂量高估，大约20%。

表2.4 两次MATROSHKA实验的有效剂量当量（E）

实验	有效剂量当量/（μSv/天）	皮肤剂量/（μSv/天）
MTR-1（国际空间站外）	722±35	3025±453
MTR-2A（国际空间站内）	552±26	641±96

资料来源：Puchalska等（2014）。

2.3 暴露场景：空间辐射的测量与建模

如果通过比较不同的测量或模型计算来考虑不同空间下的辐射，那么环境在时间和太空上变化极大，同时也强烈依赖剂量测量或计算的具体细节。在大多数情况下，在辐射场中引入一个小型探测器，对辐射场的改变可以忽略不计；但是，借助拟人数值体模（用于个人剂量测定时可能是水模体或身体模体）进行测量，就会影响辐射场，进而影响剂量率。这种效应在以低能粒子为主的场中最为明显，如大多数太阳高能粒子事件和外辐射带电子，但也存在于高穿透的银河宇宙辐射场中。在极端情况下，一个小探测器从相对低能量粒子中测量得到的极高剂量值，如果人体暴露，皮肤将完全吸收这些粒子，对较敏感的内脏器官的剂量可能为零。此外，辐射场随屏蔽量的变化不一定呈线性，利用平均屏蔽量推导出器官剂量值也不一定很有效。许多用于剂量率测量的探测器使用硅片作为敏感体。然而，与辐射防护相关材料水或组织相比，中子在硅中的能量沉积非常低。在存在相关次级中子场的情况下，必须通过其他方式评估中子对组织中剂量的额外贡献。

因此，在将一种情况下获得的结果转化为不同的情况时必须谨慎，例如使用亚毫米硅探测器的测量来推导人体器官剂量的情况。在这种情况下，有必要获得关于辐射场的额外信息，例如，通过模型计算或使用其他类型的探测器。

第3章将描述对载人航天飞行具有重要意义或在不久的将来变得非常重

要的其他情况。在所有这些情况下，宇航员不断暴露于 GCR，并可能暴露于太阳高能粒子，如果是近地轨道，那么还会暴露于辐射带中的带电粒子。图 2.12 概述了在不同的暴露场景中遇到的 GCR 的近似剂量率。然而，在每一种情况下剂量率可能有很大的差异，这取决于海拔、位置、质量屏蔽或太阳活动等因素。

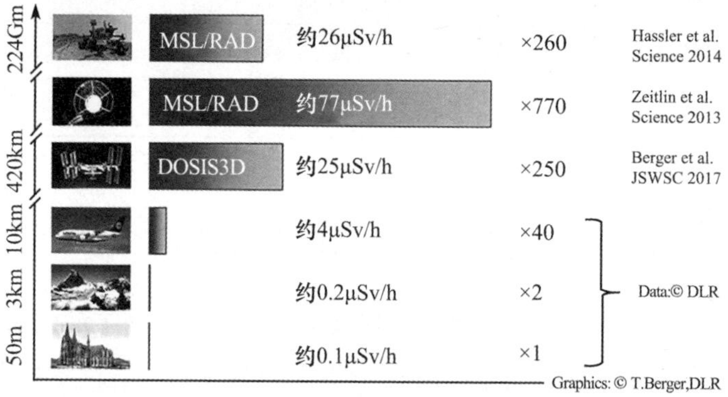

图 2.12 （见彩图）不同辐射情景下的近似剂量率

虽然国际空间站有在载人航天条件下记录的全面实验数据，但没有关于星际空间、月球和火星表面的数据。这些场景的可用信息仅限于机器人任务的测量和模型估计。

2.3.1 近地轨道：国际空间站

国际空间站位于近地轨道上，高度为 300~400km，倾角为 51.6°，这意味着它到达的最大地理纬度分别为北纬 51.6°、南纬 51.6°。轨道周期为 90~93min，相当于每天运行 15.5~16 圈。因此，国际空间站的升交点经度每圈向西移动约 23°。

国际空间站和宇航员暴露的辐射环境，在一个轨道内变化很大，一天内当上升点的经度变化时，辐射环境也会发生很大变化。这些变化的根本机制是地球的磁场及其对从星际空间到达地球的带电粒子的影响，以及磁场中带电粒子群被捕获的事实。宇航员在国际空间站上的总辐射量通常为 200~300μGy/天和 500~700μSv/天（Berger 等，2017）；准确数值取决于局部屏蔽、太阳活动周期、轨道高度及其他因素。

国际空间站上的宇航员受到两种自然机制的保护，即固体地球对银河宇宙辐射的遮挡和地球磁层的屏蔽。

前者可以按照以下方式估计：如果地球或任何其他天体用半径为 R 的球体近似，那么该天体轨道上的一个物体遮挡天空的比例 f 可以表示为该物体在表面上方高度 h 的函数：

$$f = 0.5\left\{1 - \cos\left(\arcsin\left(\frac{R}{h + R}\right)\right)\right\} \tag{2.7}$$

对于距离地面为400km、半径为6357～6378km的近地轨道，这会遮挡 $f=0.331$ 的天空，这意味着对于高纬度的零磁屏蔽而言，如果忽略来自大气的反照粒子，那么其剂量率将比星际空间中相同屏蔽的剂量率低1/3。

虽然磁屏蔽在高纬度地区的影响可以忽略不计，但如果考虑整个轨道，那么它对国际空间站上的辐射场就有显著影响。图2.13显示了有效垂直截断刚度 R_C，它可以衡量来自星际空间的带电粒子的磁屏蔽效果。截断刚度可以作为粒子能够穿透磁层到给定位置的刚度的较低阈值。刚度定义为质点的动量除以它的电荷，$R=p/q$。

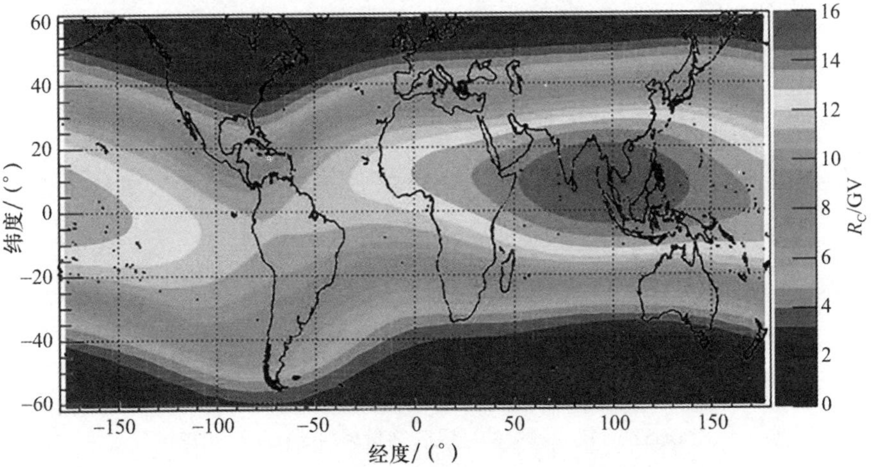

图2.13　(见彩图)高度400km有效竖向截断刚度

此外，最高纬度的最大值在一天中发生变化，在南半球西经约100°和北半球东经约 80°处达到峰值(约 15μGy/h)。这些位置的地磁屏蔽对银河宇宙辐射来说可以忽略不计,如果考虑地球几何屏蔽,这些数值可以用于估计行星际空间的剂量率。

图 2.14 展示了 2009 年国际空间站哥伦布舱内硅中的测量剂量率(Berger 等,2017)。2009 年 GCR 通量达到了太空时代前所未有的强度最大值,可以认为是我们目前所知的最坏情况。除了南大西洋地区外,如图 2.14 所示的测量剂量率及其变化都是由 GCR 和磁层屏蔽变化决定的。在东南高纬度和西北高纬度地区,屏蔽作用可以忽略不计(图 2.13),此时 GCR 的剂量率峰值超过 10μGy/h,相当于星际空间值的 70%左右(由于在高度 400km 固体地球的阻挡)。在沿地磁赤道的低纬度地区,磁屏蔽最大,剂量率下降到 2μGy/h 以下。由 Berger 等(2017)测量的 2009 年哥伦布舱内硅中 GCR 的平均剂量率约为 160μGy/天(520 μSv/天,$Q\approx3.3$)。Lishnevskii 等(2012)测定 2009 年俄罗斯服务舱不同位置的 GCR 剂量率为 100~110μGy/天。这些数值是在太阳活动极小期测得的,而太阳活动极小期对应着 GCR 强度的最大值。在太阳活动极大期,剂量率会显著降低。

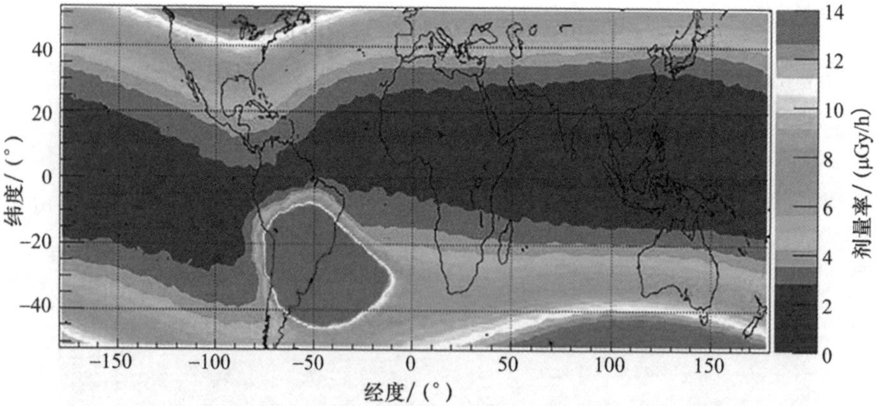

图 2.14 (见彩图)2009 年太阳活动极小期,在国际空间站上 DOSIS 项目中用 DOSTEL 仪器测量的硅吸收剂量率(Berger 等,2017)

南大西洋异常区中的峰值剂量率每小时可达数百 μGy,但确切数值取决于空间站的飞行轨迹,特别是其高度、局部质量屏蔽和太阳活动,并且在星际介质与磁层复杂相互作用引起的地磁扰动中这些数值会发生变化。在空间站内相对良好的屏蔽环境中，哥伦布舱内来自南大西洋异常区粒子的平均剂量率为70~100μGy/天(100~200μSv/天)。

在国际空间站内，宇航员所在的舱体有效屏蔽最大能量达到几 MeV 的辐射带中的电子。

尽管在罕见事件中可以测量到这些电子，但它们对总剂量的贡献是微不足道的。在空间站外，例如在舱外活动期间，这种情况会发生根本变化。2014 年 10 月至 2015 年 1 月，Dachev(2018)在国际空间站外测量了来自外部辐射带电子的硅平均剂量率，发现平均约为 278μGy/天，最大值约为 3mGy/天。由于电子的能量相对较低，而人体自身有屏蔽作用，不能直接从薄传感器中的剂量得出对人体的剂量率。

Sato 等(2011)用数值方法估算出捕获电子对宇航员皮肤剂量的贡献为 0.737mSv/天，有效剂量当量为 0.0232mSv/天(注：由于电子的品质因子为 1，这些数值对于以单位为 mSv/天的组织吸收剂量来说是相同的)。在空间站内，Sato 等(2011)估算的有效剂量当量和皮肤剂量均小于 1μSv/天。

Matthiäet 等(2013)估算，在太阳极小期，球形铝屏蔽为 $20g/cm^2$ 时，银河宇宙辐射对国际空间站上器官剂量的贡献约为 90μGy/天和 220~260μSv/天，其中较低值对应内部器官，它们从身体的自我屏蔽中受益更多，品质因子也较低。

国际空间站上的宇航员大部分时间受地球磁场的有效保护，免受太阳高能粒子的影响。只有很少的事件将质子加速到 1GeV 以上的动能，而即使是这些事件，也只能在非常有限的区域到达国际空间站，而这些有限区域位于南半球东经度和北半球西经度的高纬度地区。对于质子来说，1GeV 的动能相当于大约 1.7GV 的磁刚度，这就把这些粒子可接近的区域限制在图 2.13 中的紫色区域。因此，如果太阳粒子事件对此有影响，也只有在轨道运行期间的短时间间隔内才能在国际空间站上测量出来。此外，由于国际空间站到达磁屏蔽最小的区域可能需要几小时，在国际空间站上测量到的高能粒子到达地球事件的开始时间会大幅延迟。就 2017 年最近的地面层增强事件，地球静止轨道卫星(GOES)与国际空间站测量的事件开始之间的延迟约为 12h(Berger 等，2018；

Matthiäet 等,2018)。

例如,为了减少大气阻力,将空间站提升到更高的高度,辐射带交叉处粒子通量的面积和强度的增加,宇航员受到的辐射会大大增加。据 Berger 等(2017)测量发现,2011—2013 年,当国际空间站从之前的 350km 上升到 400km 以上高度时,哥伦布舱在南大西洋异常区吸收的剂量增加近 100%。

MATROSHKA 项目(Reitz 等,2009)通过实验确定了国际空间站宇航员的器官受到辐射的剂量。在 MATROSHKA 项目中,一个配备了无源和有源辐射探测器的人体模型于 2004—2011 年,在国际空间站外部和内部若干位置暴露,测量到的剂量率为 0. 17~0. 25mGy/天。

2. 3. 2 星际空间

任何离开地球磁层的航天器,都会持续受到银河宇宙辐射的全强度辐射,偶尔也会受到太阳粒子事件辐射。虽然国际空间站或近地轨道上的任何其他航天器上的宇航员受到地球本身及其磁层的有效保护,但在星际空间中唯一的保护机制是航天器本身提供的屏蔽。

火星科学实验室(MSL,Grotzinger 等,2012)的辐射评估探测器(RAD,Hassler 等,2012)是首个在 2011 年 12 月至 2012 年 7 月中度太阳调制期间,在前往火星轨道上测量剂量率的仪器。在火星科学实验室巡航期间,测量的银河宇宙辐射在水中的平均剂量率为 0. 481±0. 080mGy/天(在硅中为 0. 332±0. 023mGy/天或 1. 84±0. 33mSv/天),对应的品质因子为 3. 82±0. 25(Zeitlin 等,2013)。图 2. 15 显示了辐射评估探测器在前往火星的星际轨道上,用硅测量的剂量率,其基本的银河宇宙辐射率相对稳定,并出现了 5 次太阳粒子事件,表现为剂量率的顶峰,峰值高达每天数千 μGy。

Semkova 等(2018)在 2016 年 4 月至 9 月期间,在探索火星过境期间,以类似的 GCR 强度下进行了测量。对于两种不同的探测器配置,测得的 GCR 剂量率分别为 372±37μGy/天和 390±39μGy/天。其他仪器在月球转移轨道中也测量过辐射(Dachev 等,2011)。

这些数值比国际空间站哥伦布舱在银河宇宙辐射强度最大期间测量的数值大 3~3. 5 倍(见 2. 3. 1 节)。导致增大的因素包括太阳调制影响、地磁屏蔽与

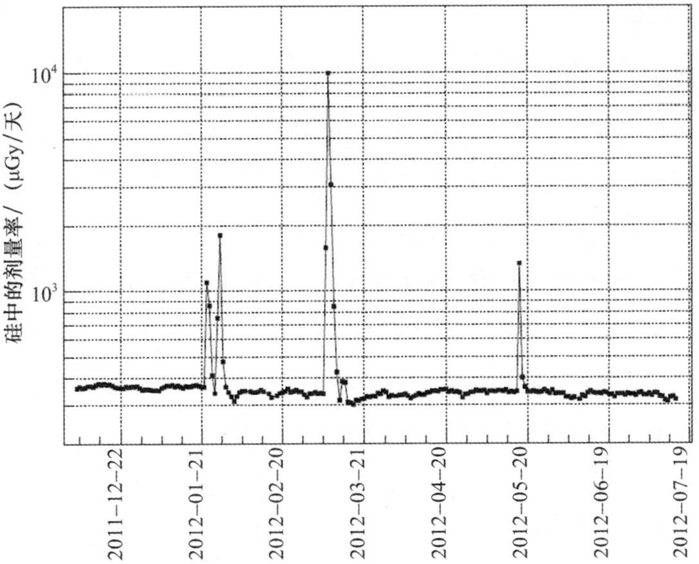

图 2.15　在火星科学实验室从地球转移到火星期间
由辐射评估探测器仪器测量的剂量率(Zeitlin 等,2013)

行星屏蔽的缺失,以及航天器和空间站屏蔽的差异,其中最关键的因素是地磁屏蔽和行星屏蔽的影响。

航天器提供的质量屏蔽对银河宇宙辐射的效果较差,对剂量当量有显著影响。初级重离子的分裂导致品质因子迅速下降,仅适度改变吸收剂量,剂量当量会大幅下降。

许多研究人员估算了星际空间银河宇宙辐射暴露的影响,以及各种类型屏蔽材料的有效性(Townsend 等,1989,1991;Kim 等,2010;Mrigakshi 等,2013b;Slaba 等,2017;Norbury 等,2019),不同作者得出的结果差异显著,而且也随着时间的推移还在不断变化。除了屏蔽几何形状和银河宇宙辐射边界条件之外,计算剂量的几何形状也很重要。Norbury 等(2019)发布的无屏蔽条件下的太阳极小值的数值显示、平极中的剂量当量为 2.5mSv/天,有自屏蔽效应时为 1.2mSv/天,它表明身体自我屏蔽可将暴露量减少了约 50%。这些结果与 Kim 等(2010)和 Mrigakshi 等(2013b)的结果一致。计算出的品质因子约为 3,但随着屏蔽的增加,品质因子显著降低。

2.3.3 月球

月球缺乏保护像地球生命免受宇宙辐射的大气层和磁场两个主要机制。除了由任何自然或人造庇护所提供的屏蔽外，在月球轨道或月球表面的宇航员将受到银河宇宙辐射和太阳高能粒子的全强度辐射。在阿波罗任务期间进行的生命科学研究报告（NASA，1973）中，美国国家航空航天局得出了不同任务的平均剂量值，这些值介于 0.16rad（1.6mGy，Apollo 7）和 1.14rad（11.4mGy，Apollo 14）之间，并得出结论："在阿波罗计划期间，辐射不是任务实施层面的问题。"这些数值包括辐射带穿越和转移到月球轨道的贡献。然而，大部分辐射来自月球轨道上或月球表面的银河宇宙辐射。该报告也指出："伴随着高能核粒子的耀斑可能会阻碍未来超越地球磁场的飞行。"没有大气层意味着在任何栖息地、庇护所或运载工具之外的宇航员都暴露在全能谱的高能粒子下，且仅受其宇航服的保护。

由于没有大气层和磁场屏蔽，如果忽略风化层产生的反照率辐射，那么月球表面受到的宇宙辐射暴露约是同等屏蔽条件下行星际空间暴露的 50%。在地表的某一点上，附近的岩石、悬崖、陨石坑边缘或其他减少开阔天空立体角的地质构造会进一步减少辐射。目前的测量结果仅限于月球轨道或阿波罗任务的综合剂量，其中也包括月球转移阶段的剂量。首次月球剂量率测量由中国嫦娥四号着陆器上的月表中子与辐射剂量测量仪（LND）实验公布，该实验于 2019 年 1 月开始在月球表面进行测量。

在接近 2009 年银河宇宙辐射强度最大值的时候，月球勘测轨道飞行器上的宇宙射线辐射效应望远镜（Schwadron 等，2012）在距月球 10000km 处测量的硅的剂量率为 16.5cGy/年（452μGy/天），相当于月球表面大约为 8.5cGy/年（226μGy/天）。一年前，月船 1 号（Dachev 等，2011）上的 RADOM 仪器在月球转移轨道期间在测量到硅中的剂量率为 12.76μGy/h（306μGy/天），2009 年初在 100km 轨道上测量出的结果为 9.46μGy/h（227μGy/天）。这个高度月球遮挡了约 34%的天空，导致表面的剂量率约为 171μGy/天。这些数值是利用简单的几何考量对轨道测量结果的推算，没有考虑反照粒子的潜在贡献。反照率辐射的数值模拟估计对剂量或有效剂量当量的贡献为 10%~25%（Slaba 等，2011；Reitz 等，2012；Spence 等，2013）。

基于 2009 年末的银河宇宙辐射强度最大值，Reitz 等（2012）还估算了宇航员在月球表面穿着宇航服时的器官吸收剂量率（剂量当量率），数值在 0.16mGy（0.44mSv/天）至 0.22mGy/天（0.82mSv/天）之间；相应的平均品质因子 Q 为 2.4~4.3，相应的有效剂量当量为 0.6mSv/天。

2.3.4 火星

火星表面的辐射场备受关注，因为失量是近期未来载人任务的潜在目的地。除了行星际空间转移时间之外，载人火星任务的场景通常包括在火星表面停留几个月。在此期间，宇航员将持续受到银河宇宙辐射及其与火星大气和风化层相互作用产生的次级辐射场和偶发的太阳高能粒子的辐射。火星的大气主要由二氧化碳组成，还有一些氮（N）、氩（Ar）和微量气体，其对宇宙辐射的屏蔽相当于 18~23g/cm^2 的质量厚度，具体数位取决于海拔、季节和一天中时间。这种屏蔽相当于大约 20cm 厚的水，其防护能力远低于地球大气层提供的保护（大约为海平面上的 2%），甚至达不到商业航班飞行高度的 10%。尽管如此，火星上的大气屏蔽对 GCR 场也有很大的影响。GCR 中的大部分重离子在到达表面前发生分裂，导致重离子对剂量和强度的贡献显著降低，品质因子也随之下降。另外，随之形成一个次级辐射场，其中包含大量的具有高品质因子的次级中子。

火星科学实验室任务的辐射评估探测器测量到品质因子从巡航阶段的 3.82±0.30 下降到矢量表面的 3.05±0.26。测量的火星表面吸收剂量和剂量当量率分别为 0.21±0.04mGy/天和 0.64±0.12mSv/天。

最近，研究人员进行了大量工作来比较和改进使用辐射评估探测器数据预测火星表面辐射场和暴露情况的数值模型（Matthiäet 等，2016；de Wet 和 Townsend，2017；Flores－McLaughlin，2017；Matthiä 和 Berger，2017；Ratliff 等，2017；Slaba 和 Stoffle，2017）。图 2.16 总结了几个模型的吸收剂量和剂量当量以及相应的品质因子，并与 RAD 测量值进行了比较。GEANT4 模型预测的不同粒子类型对吸收剂量和剂量当量的贡献如图 2.17 所示。特别地，由式（2.7）计算可以得出大气层和火星风化层中产生的中子的剂量当量明显占重要部分。

图 2.16 中的剂量率是针对组织平板计算的，由于人体的自屏蔽效应，预计同一辐射场中人体器官的剂量率值会更低。

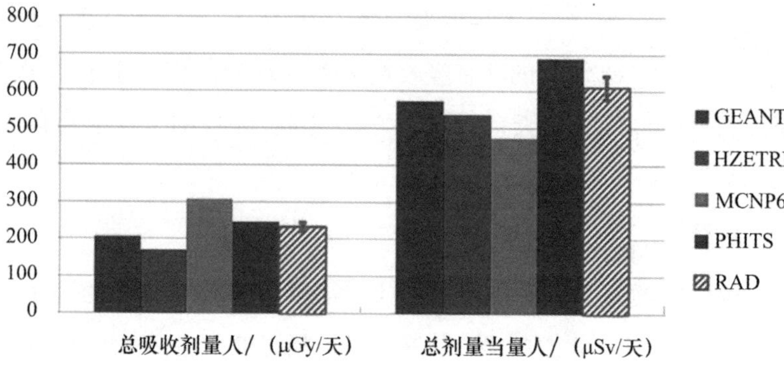

(a)

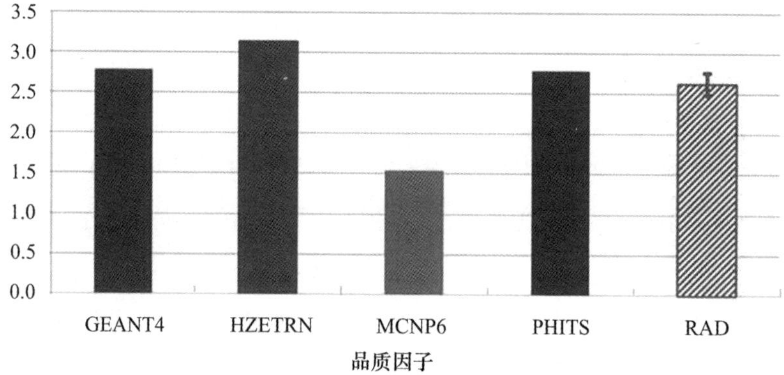

(b)

图 2.16 （见彩图）2015 年 11 月 15 日至 2016 年 1 月 15 日，
由辐射评估探测器测量并使用不同的火星表面粒子输运代码计算的银河宇宙
辐射剂量率和相应的品质因子（Matthiäet 等，2017）

Simonsen 等（1990）估计火星表面的皮肤剂量当量为 0.31～0.36mSv/天。对 Matthiä 和 Berger（2017）的结果应用注量到剂量当量转换系数（ICRP，2013），得出皮肤的值为 0.43mSv/天，性别平均有效剂量当量为 0.37mSv/天。

2.3.5 太阳粒子活动

太阳粒子活动在强度、能量范围和持续时间等方面变化极大，且难以预测。每个单独事件的辐射程度同样强烈依赖于航天器的位置、航天器的质量屏蔽、大气层或栖息地、行星磁场中的磁屏蔽等因素。在这种情况下很难得出一般性结论。为解决这个问题，Townsend 等人（2018）提出了一种概率方法或定义参考

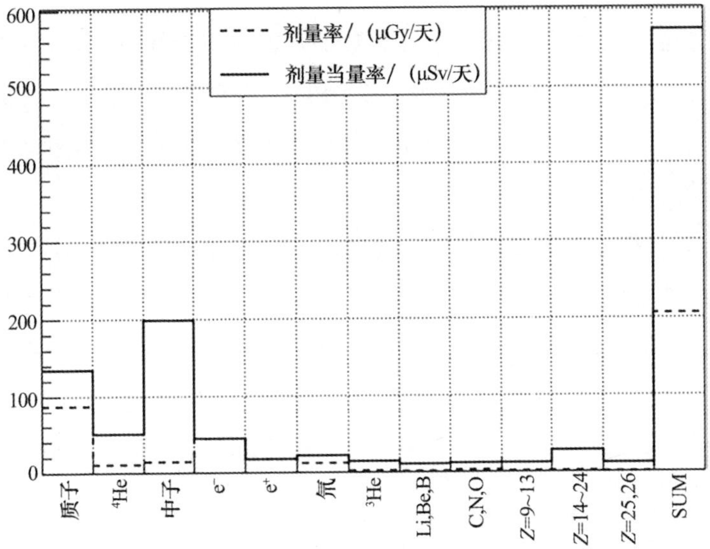

图 2.17 在组织块中计算来自火星表面银河宇宙辐射的不同类型粒子的吸收剂量率和剂量当量率(Matthi 和 Berger(2017)),结果由 GEANT4 计算得出,时间为 2015 年 11 月 15 日至 2016 年 1 月 15 日

事件。作者们以 1989 年 10 月事件为基础,将其作为近地轨道以外任务的设计基准。他们估算,在无屏蔽条件下,男性和女性造血器官(BFO)的辐射剂量均超过 1Gy 当量(参见 3.4 节),这是美国国家航空航天局目前的短期接触限制的 4 倍。Townsend 等估计,将接触减少到不超过极限的必要条件是 $12g/cm^2$(男性)或 $15g/cm^2$(女性)的铝屏蔽或 $8g/cm^2$(男性)或 $10g/cm^2$(女性)的聚乙烯屏蔽。Kim 等(2017)通过调查得出,对于大多数事件 $5g/cm^2$ 的屏蔽足以将造血器官剂量保持在极限以下,但对于罕见事件必须要超过 $15g/cm^2$ 的屏蔽。对于舱外活动条件,他们估计总事件对造血器官产生的辐射剂量将超过 800mGy 当量。

在 2017 年 9 月的地面事件或增强事件中,Schwadron 等(2018)估计月球表面的剂量为 0.8~0.9Gy,而同一事件导致辐射评估探测器在火星上测量到硅中剂量的 0.418mGy(Zeitlin 等,2018)。对该事件的分析表明,在火星表面测量到的明显较低的剂量主要是大气屏蔽,但也与不同的事件特征有关,即事件的起始和不同的频谱形状(Matthiäet 等,2018)。国际空间站上的测量结果显示,不同质量和磁层屏蔽效果下,同一事件导致的数值甚至会更低(对于两个不同的屏蔽位置,68μGy 和 146μGy(Berger 等,2018)。该事件展示了同一事件如何导致大范围的不同剂量,这不仅取决于局部屏蔽环境,也取决于观察者相对于高能粒子源的位置。

一般来说,在近地轨道和大气屏蔽下,即使只有像火星大气提供的轻屏蔽,太阳粒子活动对人类的影响也不大。在近地轨道的和平号和国际空间站上只观测到极少的强事件(Berger 等,2018)。即使是 1989 年 9 月和 10 月异常强烈的事件,也只产生了大约 35mGy 的综合测量剂量。对于位置较深的器官,预计该值会显著降低,该事件的造血器官辐射剂量比短期接触限值低至少一个数量级(10 倍)。

参考文献

Adriani O, Barbarino GC, Bazilevskaya GA, Bellotti R, Boezio M, Bogomolov EA, Bonechi L, Bongi M, Bonvicini V, Borisov S, Bottai S, Bruno A, Cafagna F, Campana D, Carbone R, Carlson P, Casolino M, Castellini G, Consiglio L, De Pascale MP, De Santis C, De Simone N, Di Felice V, Galper AM, Gillard W, Grishantseva L, Jerse G, Karelin AV, Koldashov SV, Krutkov SY, Kvashnin AN, Leonov A, Malakhov V, Malvezzi V, Marcelli L, Mayorov AG, Menn W, Mikhailov VV, Mocchiutti E, Monaco A, Mori N, Nikonov N, Osteria G, Palma F, Papini P, Pearce M, Picozza P, Pizzolotto C, Ricci M, Ricciarini SB, Rossetto L, Sarkar R, Simon M, Sparvoli R, Spillantini P, Stozhkov YI, Vacchi A, Vannuccini E, Vasilyev G, Voronov SA, Yurkin YT, Wu J, Zampa G, Zampa N, Zverev VG (2011) PAMELA measurements of cosmic-ray proton and helium spectra. Science 332(6025):69-72

Aguilar M, Aisa D, Alpat B, Alvino A, Ambrosi G, Andeen K, Arruda L, Attig N, Azzarello P, Bachlechner A (2015a) Precision measurement of the helium flux in primary cosmic rays of rigidities 1.9 GV to 3 TV with the alpha magnetic spectrometer on the international space station. Phys Rev Lett 115(21):211101

Aguilar M, Aisa D, Alpat B, Alvino A, Ambrosi G, Andeen K, Arruda L, Attig N, Azzarello P, Bachlechner A (2015b) Precision measurement of the proton flux in primary cosmic rays from rigidity 1 GV to 1.8 TV with the alpha magnetic spectrometer on the international Space Station. Phys Rev Lett 114(17):171103

Badhwar GD, Atwell W, Reitz G, Beaujean R, Heinrich W (2002) Radiation measurements on the Mir Orbital Station. Radiat Meas 35(5):393–422

Baker DN, Panasyuk MI (2017) Discovering Earth's radiation belts. Phys Today 70(12):46–51

Baker D, Erickson P, Fennell J, Foster J, Jaynes A, Verronen P (2018) Space weather effects in the Earth's radiation belts. Space Sci Rev 214(1):17

Band D, Matteson J, Ford L, Schaefer B, Palmer D, Teegarden B, Cline T, Briggs M, Paciesas W, Pendleton G (1993) BATSE observations of gamma-ray burst spectra. I-spectral diversity. Astrophys J 413:281–292

Benton EV (1984) Summary of current radiation dosimetry results on manned spacecraft. Adv Space Res 4(10):153–160

Benton EV, Henke RP (1983) Radiation exposures during space flight and their measurement. Adv Space Res 3(8):171–185

Berger T (2008) Radiation dosimetry onboard the international Space Station ISS. Z Med Phys 18(4):265–275

Berger T, Hajek M (2008) TL-efficiency—overview and experimental results over the years. Radiat Meas 43(2):146–156

Berger T, Hajek M, Summerer L, Vana N, Akatov Y, Shurshakov V, Arkhangelsky V (2004) Austrian dose measurements onboard Space Station MIR and the international Space Station— overview and comparison. Adv Space Res 34(6):1414–1419

Berger T, Bilski P, Hajek M, Puchalska M, Reitz G (2013) The MATROSHKA experiment: results and comparison from extravehicular activity (MTR-1) and intravehicular activity (MTR-2A/2B) exposure. Radiat Res 180(6):622–637

Berger T, Burmeister S, Matthiä D, Przybyla B, Reitz G, Bilski P, Hajek M, Sihver L, Szabo J, Ambrozova I (2017) DOSIS & DOSIS 3D: radiation measurements with the DOSTEL instruments onboard the Columbus laboratory of the ISS in the years 2009–2016. J Space Weather Space Clim 7:A8

Berger T, Marsalek K, Aeckerlein J, Hauslage J, Matthiä D, Przybyla B, Rohde M, Wirtz M (2019) The German Aerospace Center M-42 radiation detector—a new development for applications in mixed radiation fields. Rev Sci Instrum 90(12):125115

Blasi P (2013) The origin of galactic cosmic rays. Astron Astrophys Rev 21(1):70

Boezio M, Carlson P, Francke T, Weber N, Suffert M, Hof M, Menn W, Simon M, Stephens SA, Bellotti R, Cafagna F, Castellano M, Circella M, De Marzo C, Finetti N, Papini P, Piccardi S, Spillantini P, Ricci M, Casolino M, De Pascale MP, Morselli A, Picozza P, Sparvoli R, Barbiellini G, Bravar U, Schiavon P, Vacchi A, Zampa N, Mitchell JW, Ormes JF, Streitmatter RE, Golden RL, Stochaj SJ (1999) The cosmic-ray proton and helium spectra between 0.4 and 200 GV. Astrophys J 518(1):457-472

Boezio M, Carlson P, Francke T, Weber N, Suffert M, Hof M, Menn W, Simon M, Stephens S, Bellotti R (2000) The cosmic-ray electron and positron spectra measured at 1 AU during solar minimum activity. Astrophys J 532(1):653

Buecker H, Horneck G, Allkofer OC, Bartholoma KP, Beaujean R, Cuer P, Enge W, Facius R, Francois H, Graul EH, Henig G, Heinrich W, Kaiser R, Kuhn H, Massue JP, Planel H, Portal G, Reinholz E, Ruther W, Scheuermann W, Schmitt R, Schopper E, Schott JU, Soleilhavoup JP, Wollenhaupt H (1973) The biostack experiment on Apollo 16. Life Sci Space Res 11:295-305

Caffrey JA, Hamby DM (2011) A review of instruments and methods for dosimetry in space. Adv Space Res 47(4):563-574

Cane HV, Lario D (2006) An introduction to CMEs and energetic particles. Space Sci Rev 123 (1):45-56

Carlson P (2012) A century of cosmic rays. Phys Today 65(2):30-36

Dachev T (2018) Relativistic electron precipitation bands in the outside radiation environment of the international space station. J Atmos Solar-Terr Phys 177:247-256

Dachev T, Tomov B, Matviichuk YN, Dimitrov P, Vadawale S, Goswami J, De Angelis G, Girish V (2011) An overview of RADOM results for earth and moon radiation environment on Chandrayaan-1 satellite. Adv Space Res 48(5):779-791

de Wet W, Townsend L (2017) A calculation of the radiation environment on the martian surface, Life Sci Space Res 14:51-56

Desai M, Giacalone J (2016) Large gradual solar energetic particle events. Living Rev Sol Phys 13(1):3

English RA, Benson RE, Bailey JV, Barnes, CM (1973) Apollo experience report: protection against radiation. NASA TN D-7080

Flores-McLaughlin J (2017) Spherical volume radiation transport simulation of the martian GCR surface flux and dose estimation with PHITS, Life Sci Space Res 14:36-42

Ginet G, O'Brien T, Huston S, Johnston W, Guild T, Friedel R, Lindstrom C, Roth C, Whelan P, Quinn R (2013) AE9, AP9 and SPM: new models for specifying the trapped energetic particle and space plasma environment. In: The van Allen probes mission. Springer, Boston, MA, pp 579-615

Gopalswamy N, Mäkelä P, Yashiro S, Xie H, Akiyama S, Thakur N (2015) High-energy solar particle events in cycle 24. J Phys Conf Ser 642:012012

Grotzinger JP, Crisp J, Vasavada AR, Anderson RC, Baker CJ, Barry R, Blake DF, Conrad P, Edgett KS, Ferdowski B, Gellert R, Gilbert JB, Golombek M, Gomez-Elvira J, Hassler DM, Jandura L, Litvak M, Mahaffy P, Maki J, Meyer M, Malin MC, Mitrofanov I, Simmonds JJ, Vaniman D, Welch RV, Wiens RC (2012) Mars science laboratory mission and science investigation. Space Sci Rev 170(1-4):5-56

Hassler DM, Zeitlin C, Wimmer-Schweingruber RF, Bottcher S, Martin C, Andrews J, Bohm E, Brinza DE, Bullock MA, Burmeister S, Ehresmann B, Epperly M, Grinspoon D, Kohler J, Kortmann O, Neal K, Peterson J, Posner A, Rafkin S, Seimetz L, Smith KD, Tyler Y, Weigle G, Reitz G, Cucinotta FA (2012) The radiation assessment detector (RAD) investigation. Space Sci Rev 170 (1-4):503-558

Hess WF (1912) Über Beobachtungen der durchdringenden Strahlung bei sieben Freiballonfahrten. Phys Z XIII:1084-1091

Hess WN (1964) The effects of high altitude explosions. NASA TN D-2402

ICRP (1991) ICRP Publication 60. The 1990 Recommendations of the International Commission on Radiological Protection. Ann. ICRP 21 (1-3). Smith H (Ed.), Pergamon Press Oxford, New York, Frankfurt, Seoul, Sydney, Tokio

ICRP (2007) ICRP Publication 60. The 2007 Recommendations of the International Commission on Radiological Protection. ICRP Publication 103. Ann. ICRP 37(2-4):1-332. Valentin J (Ed.), Elsevier, Orlando, Amsterdam, Tokyo, Singapore

ICRP (2009) ICRP publication 110: adult reference computational phantoms. Joint ICRP/ IRCU report. Ann ICRP 39(2):1-165. Clement CH (Ed.), Elsevier, St. Louis, Oxford, Tokyo, Singapore

ICRP (2013) ICRP publication 123. Assessment of radiation exposure of astronauts in space. Ann ICRP 42(4):1-339. Clement CH, Sasaki M (Eds.), Elsevier

ICRP (2016) ICRP publication 132. Radiological protection from cosmic radiation in aviation. Ann ICRP 45(1):1-48. Clement CH, Hamada N (Eds.), SAGE Publications, London, Thousand Oaks, CA, New Delhi, Singapore, Washington DC and Melbourne

ICRU (1986) Report 40: the quality factor in radiation protection. J ICRU os21(1):1-2

ICRU (2011) Report 85: fundamental quantities and units for ionizing radiation. J ICRU 11 (1):1-31

Jentsch V (1981) On the role of external and internal source in generating energy and pitch angle distributions of inner-zone protons. J Geophys Res Space Phys 86(A2):701-710

Jiggens P, Heynderickx D, Sandberg I, Truscott P, Raukunen O, Vainio R (2018) Updated model of the solar energetic proton environment in space. J Space Weather Space Clim 8:A31

Kim M-HY, Hayat MJ, Feiveson AH, Cucinotta FA (2009) Prediction of frequency and exposure level of solar particle events. Health Phys 97(1):68-81

Kim M-HY, Qualls GD, Slaba TC, Cucinotta FA (2010) Comparison of organ dose and dose equivalent for human phantoms of CAM vs. MAX. Adv Space Res 45(7):850-857

Kim M-HY, Blattnig SR, Clowdsley MC, Norman RB (2017) Using spectral shape and predictor fluence to evaluate temporal dependence of exposures from solar particle events. Space Weather 15(2):374-391

Kireeva SA, Benghin VV, Kolomensky AV, Petrov VM (2007) Phantom—dosimeter for estimating effective dose onboard international Space Station. Acta Astronaut 60(4):547-553

Konradi A, Atwell W, Badhwar GD, Cash BL, Hardy KA (1992) Low earth orbit radiation dose distribution in a phantom head. Int J Rad Appl Instrum D 20(1):49-54

Lishnevskii A, Panasyuk M, Benghin V, Petrov V, Volkov A, Nechaev OY (2012) Variations of radiation environment on the international Space Station in 2005-2009. Cosm Res 50(4):319-323

Ludwig GH (1962) The NASA program for particles and fields research in space. NASA TN D-1173

Matthiä D, Berger T (2017) The radiation environment on the surface of Mars—numerical calculations of the galactic component with GEANT4/PLANETOCOSMICS. Life Sci Space Res 14: 57-63

Matthiä D, Ehresmann B, Lohf H, Köhler J, Zeitlin C, Appel J, Sato T, Slaba T, Martin C, Berger T,

Boehm E, Boettcher S, Brinza DE, Burmeister S, Guo J, Hassler DM, Posner A, Rafkin SCR, Reitz G, Wilson JW, Wimmer-Schweingruber RF (2016) The Martian surface radiation environment—a comparison of models and MSL/RAD measurements. J Space Weather Space Clim 6:A13

Matthiä D, Hassler DM, de Wet W, Ehresmann B, Firan A, Flores-McLaughlin J, Guo J, Heilbronn LH, Lee K, Ratliff H, Rios RR, Slaba TC, Smith M, Stoffle NN, Townsend LW, Berger T, Reitz G, Wimmer-Schweingruber RF, Zeitlin C (2017) The radiation environment on the surface of Mars—summary of model calculations and comparison to RAD data. Life Sci Space Res 14:18-28

Matthiä D, Meier MM, Berger T (2018) The solar particle event on 10-13 September 2017: spectral reconstruction and calculation of the radiation exposure in aviation and space. Space Weather 16(8):977-986. https://doi.org/10.1029/2018SW001921

McKenna-Lawlor S, Bhardwaj A, Ferrari F, Kuznetsov N, Lal AK, Li Y, Nagamatsu A, Nymmik R, Panasyuk M, Petrov V, Reitz G, Pinsky L, Muszaphar Shukor S, Singhvi AK, Straube U, Tomi L, Townsend L (2014) Feasibility study of astronaut standardized career dose limits in LEO and the outlook for BLEO. Acta Astronaut 104(2):565-573

Mrigakshi AI, Matthiä D, Berger T, Reitz G, Wimmer-Schweingruber RF (2013a) How galactic cosmic ray models affect the estimation of radiation exposure in space. Adv Space Res 51(5):825-834

Mrigakshi AI, Matthiä D, Berger T, Reitz G, Wimmer-Schweingruber RF (2013b) Estimation of galactic comic ray exposure inside and outside the Earth's magnetosphere during the recent solar minimum between solar cycles 23 and 24. Adv Space Res 52(5):979-989

Narici L, Berger T, Matthiä D, Reitz G (2015) Radiation measurements performed with active detectors relevant for human space exploration. Front Oncol 5:273

NASA (1973) Biomedical results of APOLLO

NASA (1991) Radiation protection for human missions to the Moon and Mars

NASA (1999) Solar cycle variations and application to the space radiation environment

NASA (2013) Space radiation cancer risk projections and uncertainties—2012

NASA (2014) NASA space flight human-system standard volume 1, Revision A: Crew Health

NASA (2015) Badhwar—O'Neill 2014 galactic cosmic ray flux model description

NCRP (2000) NCRP report 132: radiation protection guidance for activities in low-earth orbit

Norbury JW, Slaba TC, Aghara S, Badavi FF, Blattnig SR, Clowdsley MS, Heilbronn LH, Lee K,

Maung KM, Mertens CJ, Miller J, Norman RB, Sandridge CA, Singleterry R, Sobolevsky N, Spangler JL, Townsend LW, Werneth CM, Whitman K, Wilson JW, Xu SX, Zeitlin C (2019) Advances in space radiation physics and transport at NASA. Life Sci Space Res 22:98–124

Powell C (1950) The cosmic radiation. Nobel Lecture

Puchalska M, Bilski P, Berger T, Hajek M, Horwacik T, Korner C, Olko P, Shurshakov V, Reitz G (2014) NUNDO: a numerical model of a human torso phantom and its application to effective dose equivalent calculations for astronauts at the ISS. Radiat Environ Biophys 53(4):719–727

Ratliff HN, Smith MBR, Heilbronn LH (2017) Simulation of the GCR spectrum in the Mars Curiosity rover's RAD detector using MCNP6, Life Sci Space Res 14:43–50

Reames DV (1999) Particle acceleration at the sun and in the heliosphere. Space Sci Rev 90(3):413–491

Reames DV (2013) The two sources of solar energetic particles. Space Sci Rev 175(1):53–92

Reitz G, Berger T, Bilski P, Facius R, Hajek M, Petrov V, Puchalska M, Zhou D, Bossler J, Akatov Y, Shurshakov V, Olko P, Ptaszkiewicz M, Bergmann R, Fugger M, Vana N, Beaujean R, Burmeister S, Bartlett D, Hager L, Palfalvi J, Szabo J, O'Sullivan D, Kitamura H, Uchihori Y, Yasuda N, Nagamatsu A, Tawara H, Benton E, Gaza R, McKeever S, Sawakuchi G, Yukihara E, Cucinotta F, Semones E, Zapp N, Miller J, Dettmann J (2009) Astronaut's organ doses inferred from measurements in a human phantom outside the international space station. Radiat Res 171(2):225–235

Reitz G, Berger T, Matthiae D (2012) Radiation exposure in the moon environment. Planet Space Sci 74(1):78–83

Richmond RG (1972) Radiation dosimetry for the Gemini program. NASA TN D-6695

Sato T, Endo A, Sihver L, Niita K (2011) Dose estimation for astronauts using dose conversion coefficients calculated with the PHITS code and the ICRP/ICRU adult reference computational phantoms. Radiat Environ Biophys 50(1):115–123

Schaefer HJ, Sullivan JJ (1976) Atlas of nuclear emulsion micrographs from personnel dosimeters of manned space missions. NASA CR-149446

Schaefer HJ, Benton EV, Henke RP, Sullivan JJ (1972) Nuclear track recordings of the astronauts' radiation exposure on the first lunar landing mission Apollo XI. Radiat Res 49(2):245–271

Schwadron NA, Baker T, Blake B, Case AW, Cooper JF, Golightly M, Jordan A, Joyce C, Kasper J, Kozarev K, Mislinski J, Mazur J, Posner A, Rother O, Smith S, Spence HE, Townsend LW, Wilson

J, Zeitlin C (2012) Lunar radiation environment and space weathering from the cosmic ray telescope for the effects of radiation (CRaTER). J Geophys Res Planets 117(E12):E00H13

Schwadron NA, Rahmanifard F, Wilson J, Jordan AP, Spence HE, Joyce CJ, Blake JB, Case AW, Wet W, Farrell WM, Kasper JC, Looper MD, Lugaz N, Mays L, Mazur JE, Niehof J, Petro N, Smith CW, Townsend LW, Winslow R, Zeitlin C (2018) Update on the worsening particle radiation environment observed by CRaTER and implications for future human deep-space exploration. Space Weather 16(3):289-303

Semkova J, Koleva R, Benghin V, Dachev T, Matviichuk Y, Tomov B, Krastev K, Maltchev S, Dimitrov P, Mitrofanov I, Malahov A, Golovin D, Mokrousov M, Sanin A, Litvak M, Kozyrev A, Tretyakov V, Nikiforov S, Vostrukhin A, Fedosov F, Grebennikova N, Zelenyi L, Shurshakov V, Drobishev S (2018) Charged particles radiation measurements with Liulin-MO dosimeter of FREND instrument aboard ExoMars trace gas Orbiter during the transit and in high elliptic Mars orbit. Icarus 303:53-66

Simonsen LC, Nealy JE, Townsend LW, Wilson JW (1990) Space radiation-dose estimates on the surface of mars. J Spacecraft and Rockets 27(4):353-354

Simpson JA (1983) Elemental and isotopic composition of the galactic cosmic rays. Ann Rev Nuc Part Sci 33:323-382

Simpson JA (2000) The cosmic ray nucleonic component: the invention and scientific uses of the neutron monitor. In: Cosmic rays and earth. Springer, Dordrecht, pp11-32

Slaba TC, Blattnig SR (2014) GCR environmental models I: sensitivity analysis for GCR environments. Space Weather 12(4):217-224

Slaba TC, Stoffle NN (2017) Evaluation of HZETRN on the Martian surface: sensitivity tests and model results. Life Sci Space Res 14:29-35

Slaba TC, Blattnig SR, Clowdsley MS (2011) Variation in lunar neutron dose estimates. Radiat Res 176(6):827-841

Slaba TC, Bahadori AA, Reddell BD, Singleterry RC, Clowdsley MS, Blattnig SR (2017) Optimal shielding thickness for galactic cosmic ray environments. Life Sci Space Res 12:1-15

Spence HE, Golightly MJ, Joyce CJ, Looper MD, Schwadron NA, Smith SS, Townsend LW, Wilson J, Zeitlin C (2013) Relative contributions of galactic cosmic rays and lunar proton "albedo" to dose and dose rates near the moon. Space Weather 11(11):643-650

Straube U, Berger T, Reitz G, Facius R, Fuglesang C, Reiter T, Damann V, Tognini M (2010) Operational radiation protection for astronauts and cosmonauts and correlated activities of ESA medical operations. Acta Astronaut 66(7):963-973

Townsend LW, Nealy JE, Wilson JW, Atwell W (1989) Large solar flare radiation shielding requirements for manned interplanetary missions. J Spacecraft Rockets 26(2):126-128

Townsend LW, Shinn JL, Wilson JW (1991) Interplanetary crew exposure estimates for the august 1972 and October 1989 solar particle events. Radiat Res 126(1):108-110

Townsend LW, Adams JH, Blattnig SR, Clowdsley MS, Fry DJ, Jun I, McLeod CD, Minow JI, Moore DF, Norbury JW, Norman RB, Reames DV, Schwadron NA, Semones EJ, Singleterry RC, Slaba TC, Werneth CM, Xapsos MA (2018) Solar particle event storm shelter requirements for missions beyond low earth orbit. Life Sci Space Res 17:32-39

Tylka AJ, Dietrich WF, Atwell W (2010) Assessing the space-radiation hazard in ground-level enhanced (GLE) solar particle events. 2010 Fall AGU Meeting, San Francisco, CA

Uchihori Y, Fujitaka K, Yasuda N, Benton E (2002) Intercomparison of radiation instruments for cosmic-ray with heavy ion beams at NIRS (ICCHIBAN project). J Radiat Res 43(Suppl):S81-S85

UNSCEAR (2000) Sources and effects of ionizing radiation, ANNEX B, Exposures from natural radiation sources. UNSCEAR 2000 REPORT, New York 1:97-99

Van Allen JA, Frank LA (1959) Radiation around the earth to a radial distance of 107, 400 km. Nature 183(4659):430-434

Van Allen JA, McIlwain CE, Ludwig GH (1959a) Radiation observations with satellite 1958 ε。J Geophys Res 64(3):271-286

Van Allen JA, McIlwain CE, Ludwig GH (1959b) Satellite observations of electrons artificially injected into the geomagnetic field. J Geophys Res 64(8):877-891

Vernov SN, Chudakov AE (1960) Investigations of cosmic radiation and of the tab—errestrial corpuscular radiation by means of rockets and satellites. Sov Phys Usp 3(2):230-250

Vette JI (1991) The NASA/national space science data center trapped radiation belt model (1964-1991). National Space Science Data Center (NSSDC), Greenbelt, MD

Warren CS, Gill WL (1964) Radiation dosimetry aboard the spacecraft of the eight Mercury-Atlas mission (MA-8). NASA TN D-1862

Wilson JW (1978) Environmental geophysics and SPS shielding

Xapsos MA, Summers GP, Barth JL, Stassinopoulos EG, Burke EA (2000) Probability model for cumulative solar proton event fluences. IEEE Trans Nuc Sci 47(3):486-490

Yasuda H (2009) Effective dose measured with a life size human phantom in a low earth orbit mission. J Radiat Res 50(2):89-96

Yasuda N, Uchihori Y, Benton ER, Kitamura H, Fujitaka K (2006) The intercomparison of cosmic rays with heavy ion beams at NIRS (ICCHIBAN) project. Radiat Prot Dosim 120(1-4):414-420

Zeitlin C, Hassler DM, Cucinotta FA, Ehresmann B, Wimmer-Schweingruber RF, Brinza DE, Kang S, Weigle G, Böttcher S, Böhm E, Burmeister S, Guo J, Köhler J, Martin C, Posner A, Rafkin S, Reitz G (2013) Measurements of energetic particle radiation in transit to Mars on the Mars science laboratory. Science 340:1080-1084

Zeitlin C, Hassler DM, Guo J, Ehresmann B, Wimmer-Schweingruber RF, Rafkin S, Freiherr von Forstner JL, Lohf H, Berger T, Matthiä D, Reitz G (2018) Analysis of the radiation hazard observed by RAD on the surface of mars during the September 2017 solar particle event. Geophys Res Lett 45:5845-5851

第3章
空间辐射的生物学

摘　要：银河宇宙辐射(GCR)导致宇航员持续暴露于低剂量的各种能量带电粒子中，而带电粒子穿过细胞核会导致(复杂的)DNA损伤，从而引发DNA损伤反应(DDR)。在这种反应过程中，细胞会在细胞周期中停滞，以便获得修复DNA的时间。根据损伤的严重程度、细胞类型和其他因素的影响，可能会出现细胞死亡、过早分化、衰老或染色体畸变等。除了对主要靶分子DNA的影响外，非靶向效应对辐射在GCR下的生物体的整体结果也有影响。与X射线或γ射线相比，带电重粒子具有较高的相对生物学效应(RBE)，可以诱发不同的生物结果，其中包括与癌症相关的结果和啮齿类动物的癌症。遗传变异、癌症和非癌症影响等晚期组织后遗症，即白内障和中枢神经系统等退行性疾病，是太空旅行者面临的主要潜在风险。据观察，受到低剂量GCR辐射的宇航员的白内障发病时间更早，也更为频繁。此外，在太阳粒子活动(SPE)期间持续存在的急性高质子通量辐射的风险意味着，屏蔽不足会引发急性辐射综合征(ARS)，甚至直接威胁到宇航员的生存状况。

关键词：DNA损伤，DNA修复，细胞死亡，细胞周期，衰老，染色体畸变，相对生物学效应，急性辐射综合征，癌症，白内障，中枢神经系统效应

3.1　引言

在航天任务中,宇航员长期受平均剂量较低的单一高能粒子(包括电子、质子、α 粒子、重离子和中子等)的辐射。辐射部位和时间的不同,会导致人体组织中剂量分布不均匀。虽然一些受高能重离子撞击的细胞会增加总体有效剂量,但未被撞击的细胞几乎对剂量没有影响(Reitz 和 Hellweg,2018)。

除了这种来自银河宇宙辐射(GCR)的长期辐射之外,由于太阳粒子活动(SPE)在相对较短的时间内以高剂量率传递高辐射剂量,宇航员会发生急性全身辐射(Reitz 和 Hellweg,2018)。对于行星际飞行任务来说,这会威胁到飞行任务的成功和宇航员的健康,而在国际空间站运行的近地轨道(LEO),由于地磁屏蔽相当有效,这种辐射等级仅为低等到中等(参见 2.3 节)。图 3.1 概述了空间辐射。

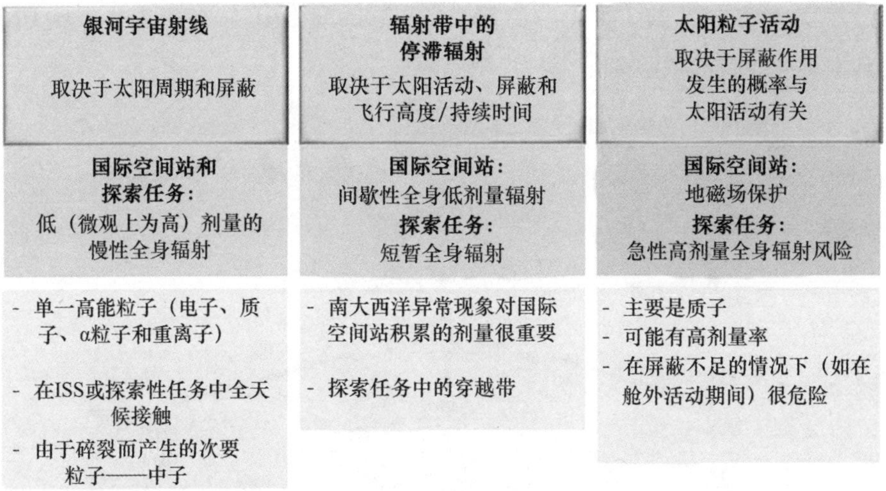

图 3.1　(见彩图)宇航员在近地轨道及更高轨道太空飞行期间的辐射

人类对带电重粒子辐射的生物学效应的认知还非常有限,而这种效应是人类太空飞行中一个持续存在的问题(Cucinotta 和 Chappell,2011)。人类在近地轨道及以外的行星际空间、前往其他行星执行任务期间的辐射水平,在总剂量和辐射质量方面都各不相同(参见 2.3 节)。通过对哺乳动物的研究发现,辐射效应的范围、类型和发病情况取决于剂量、剂量率、辐射质量以及受辐射的人类或动物的个体敏感性。

在受到高剂量辐射后几分钟至几天,人类或其他哺乳动物很快就会出现急性辐射效应,而癌症等后期效应则可能会在几年或几十年后才出现,但阈值剂量尚不清楚。后期效应的发生能力与辐射程度成正比(Reitz 和 Hellweg,2018)。

下一小节将描述辐射引起的损伤和细胞应激影响细胞命运决定的基本分子机制,而该机制可能影响癌变率(Sridharan 等,2016)和其他健康因素。

3.2 带电重粒子效应的分子机制

分子事件始于辐射能量在细胞中的沉积,这种能量沉积集中分布在一条轨迹上,而轨迹上的脱氧核糖核酸(DNA)等分子会受损。细胞通过启动 DNA 损伤反应作出积极响应,从而促进 DNA 修复、改变基因表达、改变细胞周期进程,甚至导致细胞死亡(图 3.2)。在直接受到辐射的细胞中,辐射的主要靶点 DNA 受到损伤而导致的细胞变化,称为“靶向效应”。

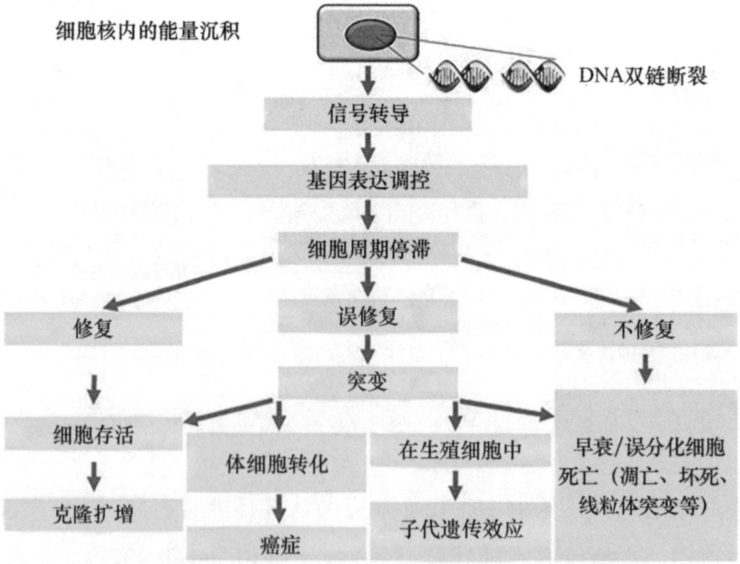

图 3.2 电离辐射后的靶向效应和下游细胞反应(Prise(2006),Reitz 和 Hellweg(2018))

3.2.1　重离子在生物体中的能量沉积

在穿越物质时,重离子会不断地沉积能量从而导致沿粒子轨迹发生电离。轨迹由一个高电离密度的核心和一个低电离密度的半影组成。轨迹发生这种微米级宽横向延伸的原因是低线性能量转移(LET)的高能电子(δ射线)(Krämer 和 Kraft,1994;Cucinotta 等,2000;Durante 和 Cucinotta,2008)。

粒子的初始能量决定了运行距离。在初始稳定期,能量沉积在一定的移动距离内保持不变(稳定期),而在所有剩余能量沉积之前急剧增加,形成布拉格峰,如图3.3所示。这种能量沉积模式是带电粒子辐射特有的,会形成局部集中损伤和独特的空间DNA病变(Brenner 和 Ward,1992;Rydberg,1996;Ponomarev 和 Cucinotta,2006)。

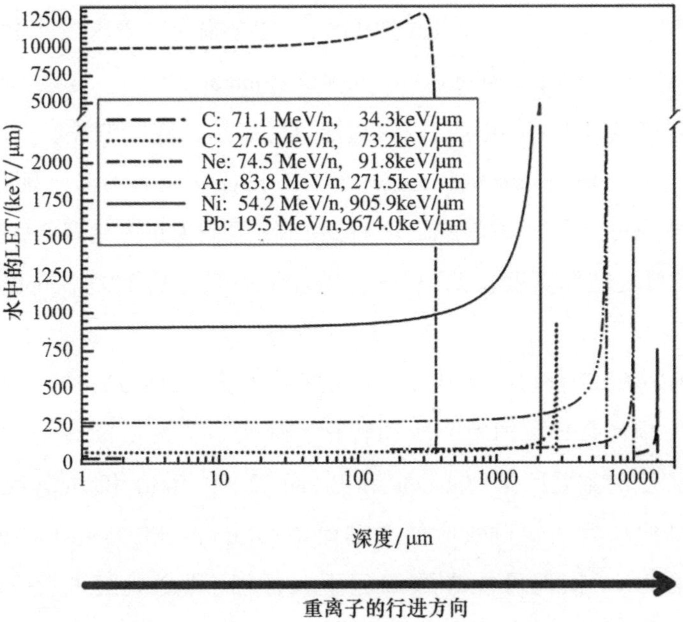

图3.3　重离子Pb、Ni、Ar、Ne、C随入水深度增加引起线性能量转移变化情况(Hellweg,2012)

3.2.2　辐射诱发的(复杂)DNA损伤

图3.4为通过直接作用(生物分子的直接电离)或经由辐解的间接作用(细

胞内水分子的离子化导致生物分子被放射性分解产物改性)与细胞大分子进行电离辐射反应,一个重要的过程是氧自由基攻击DNA分子,引起碱基损伤、碱基丢失或DNA-DNA交联和DNA-蛋白质交联。DNA核糖磷酸主链破坏导致单链断裂(SSB)和双链断裂(DSB),这取决于诱导电离的接近程度(Reitz和Hellweg,2018)。通过水衍生自由基(活性氧,ROS)的间接作用在高线性能量转移辐射(包括X射线和γ射线)诱导生物学效应中起着重要作用。这些活性氧寿命很短,扩散范围很小,直接作用比间接作用对高线性能量转移辐射的生物有效性作用更大(Hirayama等,2009)。

低线性能量转移和高线性能量转移辐射诱发直接DNA损伤(Sridharan等,2016)和ROS(Goodhead,1988)的空间分布不同,从而形成不同损伤(SSB、DSB、碱基病变、无碱基位点等)簇称为复杂DNA损伤(以前称为多重损伤位点,Eccles等(2010),Asaithamby和Chen(2011))。复杂损伤对于内源性ROS或高线性能量转移辐射来说并不常见(Durante和Cucinotta,2008)。复杂DNA损伤对DNA修复机制具有很大的影响,因为这样可能会出现较短的片段,并且必须协调多种修复途径(Cucinotta和Durante,2006;Sridharan等,2016)。延迟修复这种复杂DNA损伤可能会导致持续损伤,直到DNA复制为止。与简单病变相比,预计复杂病变修复的保真度较低(Ward,1994;Stenerlow等,2000;Schöllnberger等,2004)。

任何DNA损伤都可以改变受影响DNA分子中的信息,从而产生不同的后果。DNA损伤会导致细胞突变和转化。通常认为双链断裂是电离辐射灭活(杀死)细胞的主要因素(Jackson和Bartek,2009;Reitz和Hellweg,2018)以及大多数早期和后期辐射效应的关键前体(Durante和Cucinotta,2008)。未修复的复合DNA损伤可能导致细胞生长停滞、死亡或衰老(Sridharan等,2016)。

来自辐射诱导双链断裂的DNA末端的错接会导致染色体畸变,如缺失或易位(Cucinotta和Durante,2006;Sridharan等,2016)。突变可以启动多步致癌过程(Cucinotta和Durante,2006;Durante和Cucinotta,2008)。

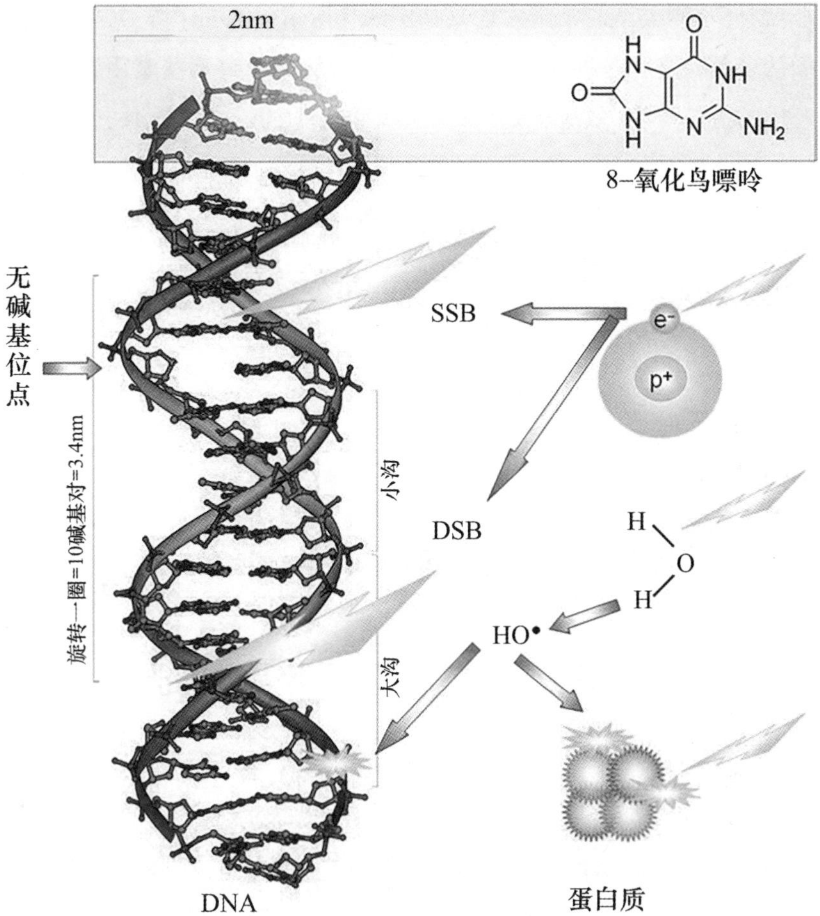

图 3.4 (见彩图)电离辐射引起的 DNA 损伤

注:DNA 分子中的直接能量沉积或水分子辐解为羟基和其他自由基后的间接损伤产生单链断裂、双链断裂、碱基损伤(如氧化鸟嘌呤(8-氧化鸟嘌呤))、碱基的丢失,产生一个碱基位点或 DNA-蛋白质交链。DNA 和 8-氧化鸟嘌呤分子可参见维基共享资源(Michael Störk 和 Ed).

3.2.3 DNA 损伤反应

辐射对机体水平的影响以细胞反应为基础。细胞对辐射的反应主要是 DNA 损伤反应(DDR),它能检测损伤,发出存在损伤信号,并促进损伤修复(Jackson 和 Bartek,2009)。这种信号转导途径涉及不同类型 DNA 损伤的多个传感器、转导分子以及多种修复效应分子和酶(图 3.5)。DDR 会激发潜在的细胞保护机制(细胞周期停滞、DNA 修复、存活)、细胞改变(衰老、突变),甚至细胞破坏反应(不同类型的细胞死亡),如图 3.7 所示(Khanna 等,2001)。信号转导会激活多条通路和各种转录因子(转导子),从而导致某些基因开始表达,而这些基因的蛋白产物(效应子)会参与这些反应(Hellweg 等,2016)。

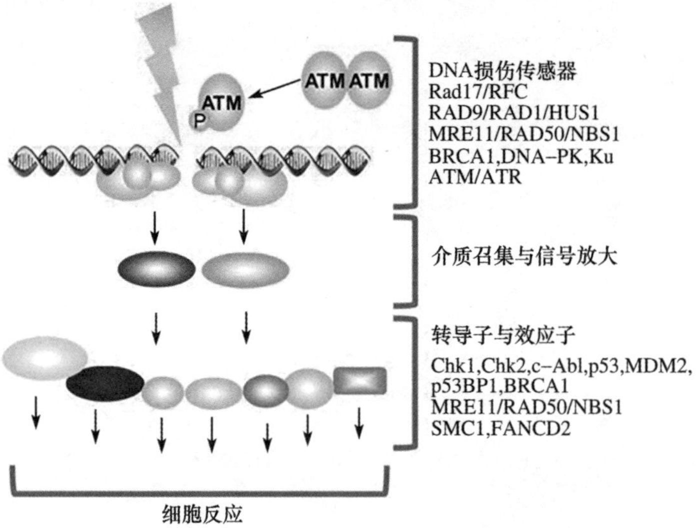

图 3.5 (见彩图)DNA 损伤反应模型

磷脂酰肌醇激酶相关蛋白的共济失调毛细血管扩张症突变(ATM)是共济失调毛细血管扩张症(AT)患者中 ATM 基因突变的产物,在协调辐射反应中起着核心作用。AT 患者的成纤维细胞对电离辐射的敏感性是正常供体的 3~4 倍(Higurashi 和 Conen,1973)。通常认为丝氨酸/苏氨酸激酶的 ATM 是 DNA 损伤传感器,直接或在其他蛋白质的帮助下结合损伤的 DNA 或复制蛋白 A(RPA)包覆的单链 DNA(Khanna 等,2001;Jackson 和 Bartek,2009)。

如图 3.5 所示,各种传感器蛋白识别 DNA 中存在的损伤,例如由电离辐射诱导的 DNA 双链断裂(黄色箭头)。这些传感器会触发信号通路,通过介质、转导子和最终效应器引发各种各样的细胞反应(图 3.7)(Jackson 和 Bartek,2009;Wilson,2004)。

1. 修复辐射诱发的 DNA 损伤

为了维护其作为信息载体的功能,必须修复受损 DNA 分子,若细胞中所有其他大分子受损,则可以进行替换。在细胞分裂过程中,必须在 DNA 复制和细胞分裂过程中形成固定突变之前完成修复。如果不能以高保真度修复 DNA 损伤,就会导致突变和染色体畸变或有丝分裂细胞死亡。因此,发生 DNA 损伤后,细胞需要通过细胞周期减慢或停止进程。在哺乳动物细胞中, DNA 修复的激活和细胞周期不同阶段的停滞是对 DNA 损伤的直接反应(Wang 和 Cho,2004),这些反应的目的是保护受损细胞免受损伤固定并促进其恢复。

在损伤诱导后的几分钟内,大量的 DNA 修复蛋白汇集到损伤部位,然后形成电离辐射诱导灶(IRIF)(Bekker-Jensen 和 Mailand,2010)。为了应对 DNA 双链断裂的形成,MRN(MRE11-RAD50-NBS1)复合物会召集 DNA 损伤传感器 ATM。ATM 通过丝氨酸 1981 的自磷酸化而被激活(Shiloh,2003),然后直接或间接地磷酸化许多其他蛋白质。ATM 的底物是 p53、MDM2、BRCA1 和 Rad51,它们都参与同源重组(HR);转录阻遏物 C 端结合蛋白相互作用蛋白(CtIP)、NBS1、RAD9 和丝氨酸/苏氨酸蛋白激酶 CHK2,它们都参与细胞周期检查(Pawlik 和 Keyomarsi,2004)。激活后的 ATM 快速磷酸化丝氨酸 139 上的组蛋白变体 H2AX,生成 γ-H2AX(Rogakou 等,1998,1999)。用免疫荧光法检测可以在显微镜下看到 γ-H2AX 病灶,这种方法灵敏度高,因此有效地标记细胞对 DNA 双链断裂的反应(Banath 和 Olive,2003;Rothkamm 和 Löbrich,2003)。组装完成后,电离辐射诱导灶开始修复受损部位。

非同源性末端接合和同源重组是修复双链断裂的主要途径(图 3.6)(O'Driscoll 和 Jeggo,2006;Wyman 和 Kanaar,2006;Löbrich 和 Jeggo,2007;Phillips 和 McKinnon,2007)。与 X 射线相比,重离子诱导的修复灶在辐射后的前 2h 更大、更动态,并且持续时间更长(Costes 等,2006;Asaithamby 等,2008)。当重离子束接近水平方向朝向细胞时,病灶的条纹表示粒子通过细胞核的路径(Desai 等,2005)。造成 DNA 修复动力较慢和由高 LET 辐射诱导的 DNA 双链断裂不完全修复(Baumstark-Khan 等,2003;Asaithamby 等,2008)的原因通常是 DNA 损伤的复杂性较高(Goodhead 等,1993)。

非同源性末端接合是哺乳动物细胞中主要的双链断裂修复途径,并将游离

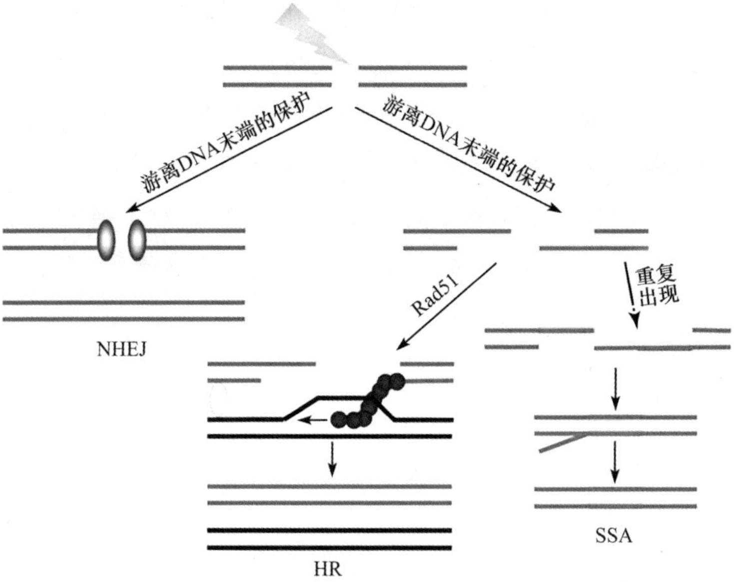

图 3.6 (见彩图)DNA 双链断裂修复途径:同源重组(HR)、非同源性末端接合(NHEJ)和单链退火(SSA)(Kass 和 Jasin,2010)

注:无论序列如何,非同源性末端接合连接都没有或很少有同源(微同源)的相邻游离 DNA 末端,因此容易出错。在此途径中,DNA 末端通过与 Ku 异源二聚体结合而免受末端切除。同源重组由 5′至 3′端切除开始。在形成的 3′单链尾巴上,RAD51 核蛋白丝组装并侵入同源 DNA 双链体(黑色),从而启动修复合成。然后置换新合成的链并退火到另一个 DNA 末端(未在图中显示),从而完成同源重组反应。当这种末端切除发生在姐妹染色单体(绿色)的重复序列上时,就会发生另一种途径,即单链退火。在这种情况下,互补的单链在重复处退火,就产生了一个拷贝数变体。突变分析表明,与同源重组和非同源性末端接合有关的因素同样在数字所示的步骤中“竞争”:典型非同源性末端接合因子(Ku,DNA 连接酶 IV/XRCC4)的丢失导致末端切除增加,从而导致同源重组和单链退火;末端切除突变体(如 Sae2)显示非同源性末端接合增加;RAD51 丝形成的中断导致 DNA 末端螺纹连接到单链退火(Kass 和 Jasin,2010)。

DNA 末端“黏”在一起。因为它不依赖模板信息,因此容易出错,可能会出现染色体易位、缺失或插入。当该途径的 Ku、DNA-PKcs、XRCC4 或连接酶Ⅳ等关键蛋白发生突变时,哺乳动物细胞对电离辐射变得异常敏感,并导致免疫球蛋白和 T 细胞受体的 V(D)J 关键蛋白基因重组①中出现缺陷(DeFazio 等,2002;van der Burg 等,2009)。

① 免疫球蛋白和 T 细胞受体(TCR)基因的 V(D)J 重组是成熟 B 淋巴细胞和 T 淋巴细胞与其淋巴前体分化的前提条件。在 V(D)J 重组过程中,编码免疫球蛋白(VDJ)的变量(V)、多样性(D)和连接(J)片段的基因片段和 TCR(VJ)基因片段回重新排列,从而实现转录和翻译。

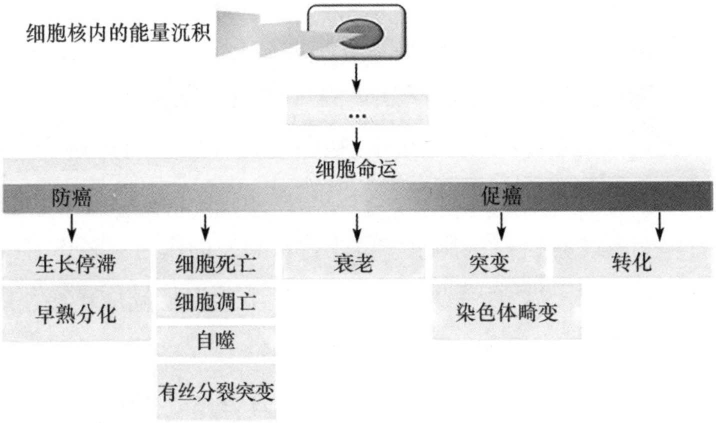

图 3.7　辐射照射后可能的细胞命运

注：图中的三个点表示图 3.5 所示的 DNA 损伤反应。

在哺乳动物细胞中，同源重组取决于是否有完整的姐妹染色单体作为模板，因此只有当细胞周期的 S-和 G2 期出现重复的染色质时，才会进行双链断裂修复。因为是从未受损的姐妹染色单体中检索信息，所以可以不出错。同源重组始于双链断裂位点的 DNA 末端切除。累积的长段单链 DNA(ssDNA)侵入具有同源序列的双链 DNA，并开始修复合成(Mimitou 和 Symington，2009)。这个新合成的链从入侵的 DNA 上分离出来，并与另一个 DNA 末端退火。如果 DNA 双链断裂两侧存在序列同源性，互补单链就可能发生单链退火，通过活瓣核酸内切酶(Rad10/ERCC1 和 Rad1)去除所得的活瓣，因此会导致遗传信息缺失(Kass 和 Jasin，2010)。

许多因素都会通过这些途径影响细胞修复双链断裂的作用，如修复因子的暂时可用性、细胞在有丝分裂细胞周期中的位置以及 DNA 末端切除的程度。

对复杂 DNA 损伤的修复可能还需要其他修复途径的帮助，如碱基切除修复(BER)和核苷酸切除修复(NER)(Shikazono 和 O'Neill，2009)。BER 可以修复 8-氧化鸟嘌呤等碱基损伤。在 BER 中，DNA 糖化酶识别受损的碱基，并在核酸酶、聚合酶和连接酶蛋白质完成修复之前将其移除(Jackson 和 Bartek，2009)。较大的螺旋扭曲损伤由 NER 途径修复，活性基因的转录链(转录耦合修复)比非活性基因组区域(全局基因组修复)的动力学速度更快(Tornaletti，

2009)。

为了解决微重力可能对 DNA 修复过程的影响问题,研究人员进行了诸多太空实验。将不同发育阶段的卵子辐射在太空飞行条件下(包括微重力条件下),而将对照组放置在 1g 的离心机上,在印度竹节虫中观察到了宇宙辐射和微重力的协同效应(Bücker 等,1986a,b)。通过放置在卵子层之间的粒子径迹探测器箔(生物堆实验平台)探测了宇宙辐射对卵子的作用。孵化后,在微重力条件下重离子撞击卵子后,比在 1g 离心力下发生的不良反应更多(Bücker 等,1986a)。

为了确定这种微重力效应在人类细胞中是否也具有相关性,在欧洲航天局生物实验室的国际微重力实验室 2 号(IML-2)中进行了"动力学"空间实验。人体成纤维细胞在地面上受到辐射,保持在非代谢状态,并在 37℃ 的轨道上孵化,以此启动修复过程。在地面和轨道上观察到 DNA 双链断裂修复的动力学没有显著差异。然而,所有修复过程都在将受辐射细胞转移到轨道之前在非代谢状态下受到抑制,还是部分 DNA 双链断裂在正常重力条件下得到修复,目前还不得而知(Horneck 等,1996,1997)。此后又进行了几次空间实验和地面实验,从而解决了微重力和 DNA 修复问题(Manti,2006;Lu 等,2017),但结果仍然相互矛盾。微重力的生长刺激效应和基因表达的变化可能是微重力对 DNA 损伤反应影响的一个重要因素(Moreno-Villanueva 等,2017)。利用国际空间站上的电离辐射源进一步的空间实验将有助于解决这一问题。让机上离心机达到 1g,可以把微重力影响与其他国际空间站环境因素的影响隔离开来,例如二氧化碳水平升高(Law 等,2014),而这可能与 DNA 氧化损伤有关(Lu 等,2007)。

2. 活性氧

电离辐射直接产生的活性氧会很快消失,但随后活性氧可以从受辐射细胞的线粒体中释放出来(Leach 等,2001)。它们充当信号传递中介,并且这种信号传递信息与核信号融合在一起,如在核因子 κB(NF-κB)的激活中(Wu 和 Miyamoto,2007;Ghosh 和 Hayden,2008;Deorukhkar 和 Krishnan,2010;Sylvester 等,2018)。活性氧可能在数天、数周甚至数年持续升高(Durante 和 Cucinotta,2008),例如在受到铁离子辐射的永生化人体支气管上皮细胞(Werner 等,

2014)、受到质子和铁离子辐射的人体神经干细胞(Tseng 等,2013、2014;Baulch 等,2015)、铁离子辐射的海马前体细胞(Limoli 等,2007)、质子辐射小鼠的骨髓(Chang 等,2015)以及全身铁离子辐射小鼠的肠上皮细胞(Datta 等,2012)中。持续的 DNA 损伤和受损的线粒体会促使最初受损后二次活性氧的产生(Kawamura 等,2018;Murray 等,2018)。

3. 转录因子的活化与基因表达

电离辐射激活了多种信号转导途径,导致一系列靶基因的表达发生改变。这些基因的启动子或增强子可能含有一个或多个转录因子的结合位点,而一个特定的转录因子可以影响多个基因的转录。

哺乳动物辐射反应的一个中心因素是转录因子 p53(TP53)的激活。p53 的半衰期很短,并且在共济失调毛细血管扩张症突变磷酸化后,对包括电离辐射在内的各种细胞应激反应均很稳定(Fei 和 El-Deiry,2003)。靶基因包括细胞周期蛋白依赖性激酶抑制剂 1A(CDKN1A)和核糖核苷酸还原酶 RRM2B(p53R2),CDKN1A 的蛋白产物 p21 引起细胞周期停滞,RRM2B 会增加脱氧核糖核苷酸的细胞水平,从而有效进行 DNA 修复(Karagiannis 和 El-Osta,2004)。p53 还可通过 Bax 蛋白和相关促凋亡蛋白诱导细胞凋亡(Karagiannis 和 El-Osta,2004)。Gudkov 和 Komarova(2010a,b)认为,p53 引发的反应具有组织特异性,在容易发生 p53 依赖性凋亡的组织中产生严重损害,如造血系统(从而导致急性辐射综合征,参见 3.4 节)、小鼠全身辐射后脊髓中的毛囊和少突胶质细胞。小肠血管内皮细胞发生细胞周期停滞和 DNA 修复激活,而结缔组织和上皮细胞对全身辐射的反应是生长停滞。

转录因子 NF-κB 被重离子强烈激活(Hellweg 等,2011),并上调几种细胞因子和趋化因子的表达(Chishti 等,2018)。因此,它可以诱导细胞间通信和炎症反应(Hellweg,2015),这样有利于肿瘤的形成和发展(Habelhah,2010)。抗凋亡基因也属于 NF-κB 的靶基因谱,但目前没有迹象表明这些基因在重离子辐射后上调,而且 NF-κB 并没有赋予重离子辐射细胞生存优势(Chishti 等,2018;Hellweg 等,2018)。

辐射后活性氧的增加可能通过核红系衍生 2 相关因子 2(Nrf2)途径引发抗

氧化反应(McDonald 等,2010),而内质应激反应(紫外线质子辐射(UPR)反应)可能会构成复杂的细胞反应(Gueguen 等,2019)。最近有文献综述了转录因子参与细胞对重离子的反应(Hellweg 等,2016)。

电离辐射通过上述转录因子引起的基因表达的变化取决于剂量、剂量率、辐射后的时间、辐射质量、细胞类型、细胞周期等因素。CDKN1A、GADD45α 和 NER 通路基因(XPC)在离子化辐射下持续上调,作为一种即时反应,为细胞周期停滞和修复、正常功能、衰老或凋亡设定了进程(Snyder 和 Morgan,2004)。

3.2.4 辐射后的细胞命运

细胞核、细胞质和细胞膜信号的整合以及修复过程的结果导致细胞出现了不同的潜在命运,包括生长停滞、干性丧失和过早分化,通过不同机制的细胞死亡、衰老、突变和/或转化(图 3.6)。

1. 辐射诱导的细胞周期停滞

细胞周期检查点是维持基因组完整性的重要监测系统。检查点是用来描述监测细胞周期中事件顺序的一种机制,可以确保只在先前的事件正确完成后才会发生细胞周期事件(Hartwell 和 Weinert,1989)。如果 DNA 受到损伤,检查点就会推迟细胞周期,从而避免受损 DNA 进行复制和分离。细胞在遗传毒性应激后启动 DNA 损伤检查点,从而确保在分裂细胞中获得修复时间(Pawlik 和 Keyomarsi,2004;Krempler 等,2007)。共济失调毛细血管扩张症突变下游细胞周期检查点的效应物是细胞周期蛋白依赖性激酶(CDK)与调节细胞周期蛋白复合(Iliakis 等,2003)。G1/S 检查点阻止受损 DNA 进行复制。只有在具有野生型 p53 功能的细胞中,电离辐射才能启动停滞这个检查点的程序(Hwang 和 Muschel,1998)。为了应对细胞周期 S 期 DNA 损伤,可以停止或减慢复制 DNA 合成的过程(S 期停滞)(Khanna 等,2001)。如果细胞在 G2 或细胞周期的早期受到损伤,G2/M 检查点就会阻止有丝分裂(Pawlik 和 Keyomarsi,2004),从而防止有丝分裂过程中受损染色体发生分离。电离辐射后从 G2/M 检查站释放取决于残留双链断裂的水平,只有当损害水平保持在 10~20 个双链断裂某一阈值以上时,G2 才会持续永久停滞(Di Leonardo 等,1994;Krempler 等,2007)。高线性能量转移辐射后 DNA 损伤的持续时间较长，导致高线性能量转移（Fournier 和 Taucher-Williams，2004）比高线性能量转移辐射所观察到的细胞周期停滞长。细胞周期 G1 期的停滞（Scholz 等，1994）和 G2 期的停滞依赖线性能量转移（Blakely 等，1989）。

2. 辐射诱导的细胞死亡及死亡旁路机制

若对辐射造成的 DNA 损伤进行完全和无错误的修复，则需要对细胞进行活体修复。若细胞无法修复或绕过辐射诱导的 DNA 损伤，则可能会造成细胞死亡。DNA 损伤的错误修复会导致突变、染色体畸变和延迟细胞死亡。人体细胞受到电离辐射可引发不同类型的细胞死亡，如凋亡、坏死、自噬或有丝分裂突变。高线性能量转移和高线性能量转移辐射在诱导细胞死亡方面表现出的效力各不相同。

已有研究证明，凋亡细胞死亡是辐射致辐射敏感组织细胞死亡的中心因素，如髓系和淋巴系细胞、腮腺腺泡细胞、胸腺细胞和精原细胞（Radford 等，1994；Hendry 等，1995）。成纤维细胞在辐射后更容易终末分化（Rodemann 等，1991），而辐射诱导的细胞凋亡只发生在小部分细胞中（<10%），与高线性能量转移辐射相比，高线性能量转移辐射的凋亡率更高（Aoki 等，2000）。

在哺乳动物细胞中，需要高剂量（20Gy）的电离辐射才能诱导典型的坏死作用，包括细胞肿胀、细胞器扩张、随机 DNA 降解和通过受损膜泄漏（Cornelissen 等，2002；Pawlik 和 Keyomarsi，2004）。

一般认为有丝分裂障碍是实体瘤放射治疗后主要的细胞死亡途径，并伴随着中心体或微管组织中心的中心粒过度放大，而中心粒与纺锤体形成有关（Eriksson 和 Stigbrand，2010），从而导致发生多极有丝分裂，进而形成含有分离错误染色体的微核（Muller 等，1996）或导致巨细胞中含有多个核（Eriksson 和 Stigbrand，2010）。

自噬是一种细胞分解代谢过程，包括将细胞质部分固定到囊泡（自噬体）中，而囊泡与溶酶体融合，降解里面的内容物，从而循环利用细胞成分，在营养缺乏期间维持新陈代谢，并防止受损蛋白质和细胞器积累（Gudkov 和 Komarova，2010a，b）。启动可检测得出的自噬程序的必要条件是剂量相对要较高，

6~30Gy(Hellweg,2012)。

3. 辐射引发的衰老

电离辐射可引发细胞衰老(Qin 等,2018)。衰老的细胞功能会受损,不能够再分裂,但还是能在很长一段时间内保持新陈代谢活跃(Nakanishi 等,2009)。这样的细胞衰老被认为是一种抗癌机制,已有越来越多的证据证明它参与了衰老和年龄相关的疾病(Rodier 和 Campisi,2011),一般也认为它是放疗诱导的肿瘤消退的重要原因(Eriksson 和 Stigbrand,2010)。衰老细胞可分泌与衰老相关的 β-半乳糖苷酶、阿尔茨海默症(AD)β-淀粉样肽前体蛋白、降解酶、细胞因子(如 IL-6 和 IL-8)以及可能促进肿瘤的生长因子(Li 等,2018)。这种分泌模式称为衰老相关的分泌表型(Coppe 等,2010),并且部分原因是 NF-κB 活性增加(Freund 等,2011)。

4. 突变与染色体畸变

在几种哺乳动物细胞系统中研究了不同线性能量转移辐射诱导突变的作用,特别是在中国仓鼠卵巢(CHO)细胞的次黄嘌呤磷酸核糖转移酶(HPRT)位点上。突变是 DNA 损伤的后期终点,只有在辐射幸存者中才能检测到。染色体畸变是由显微镜下可见的 DNA 改变后双链断裂修复引起的(Obe 等,2002)。在电离辐射后,未修复或修复不当的双链断裂和染色体误切会导致染色体结构和数目发生畸变(Cornforth,2006;Durante 和 Cucinotta,2008;Sridharan 等,2016),例如形成双切点(具有两个着丝粒的染色体)和通常观察到的微核的无着丝粒片段。重离子可以有效引发染色体交换,在重离子辐射间期比低线性能量转移辐射的有效性增加了 30 倍(George 等,2003;Durante 和 Cucinotta,2008)。复杂的畸变会导致细胞死亡(Durante 和 Cucinotta,2008)。

染色体畸变实验可以用来分析通过静脉穿刺收集的人体外周血淋巴细胞的畸变。在参加美国国家航空航天局或和平号长期任务的 8 名宇航员的淋巴细胞中观察到染色体畸变显著增加(Letaw 等,1989;George 等,2001)。不同宇航员血液淋巴细胞易位的半衰期差别很大(George 等,2005)。而在一项涉及和平号和国际空间站宇航员的研究中,对国际空间站工作人员的作用和影响很小,受试宇航员的外围淋巴细胞没有观察到显著的影响(Obe 等,1997)。对于火星任务来说,预计外周淋巴细胞中的双核细胞频率会比背景水平高出10~40倍(Obe 等,1999)。

一般认为重离子等密集电离辐射质量将会产生很大一部分复杂染色体交换(Johannes 等,2004;Horstmann 等,2005a,b),因此在太空任务后可能会在宇航员的血液淋巴细胞中观察到这种损伤。利用5号染色体的高分辨率多色带状原位杂交(mBAND)来评估染色体细胞内交换的频率,在11名宇航员短期或长期停留在近地轨道(和平号和国际空间站任务)后,未在其血液淋巴细胞中检测到染色体倒位情况(Horstmann 等,2005a,b)。通过多色荧光原位杂交(mFISH)的分析也显示没有发生复杂类型的交换(Horstmann 等,2005a,b)。

3.2.5 非靶向效应

在没有直接DNA损伤的情况下,一般认为细胞对辐射的反应是非靶向效应(Prise 等,2006)。它们通常遵循非线性剂量-效应关系,并包括旁观者效应,其中带电粒子击中细胞通过直接接触(通过间隙连接)或分泌因子向周围细胞传递信号(Marin 等,2015)。由此引起的组织微环境变化包括氧化损伤(Mothersill 和 Seymour,2004;Rola 等,2005;Sokolov 等,2007)、持续性炎症(Kusunoki 和 Hayashi,2008)和细胞外基质重塑(Park 等,2003;Durante 和 Cucinotta,2008)。当一个组织或器官的辐射影响另一个未辐射组织或器官的反应时,称为远隔效应(Cucinotta,2019)。

基因组不稳定性的特征是,在受辐射细胞的后代中,哺乳动物基因组发生改变(染色体畸变、非整倍性、延迟致死突变、基因扩增、微核)的速率增加(Hamada 等,2008;Marin 等,2015;Tang 和 Loke,2015)。例如,在高线性能量转移α粒子辐射后观察到了这一现象(Kadhim 等,1992;Sabatier 等,1992),原因是中心体解调(Maxwell 等,2008)。虽然其在辐射致癌中的作用还存在争议(Huang 等,2003;Sieber 等,2003;Kadhim 等,2006),但最近的结果表明,非靶向效应是形成重离子诱导的乳腺癌的部分原因(Barcellos-Hoff 和 Mao,2016)。

适应性反应代表了另一种非靶向效应。在不同的辐射后,从不同的模型系统中观察到低启动剂量(0.01~0.5Gy)的辐射可以防止其受到随后的较高剂量(称为挑战性剂量)的影响,原因是保护通路得到了激活(Joiner 等,2001;

Schöllnberger 等,2004;Tapio 和 Jacob,2007)。细胞死亡、染色体畸变、突变和辐射敏感性或诱导 DNA 修复减少结果表示,辐射诱导的适应性反应可以维持几小时到几个月(Tapio 和 Jacob,2007)。低启动剂量可能导致平均每个细胞核出现一条轨迹,这意味着对部分细胞没有靶向性(Tapio 和 Jacob,2007)。

低剂量辐射后可能会产生低剂量超敏反应,这意味着细胞因受到单一低剂量辐射(<0.1Gy)而大量死亡,但这无法从高剂量下的存活情况推断出来(Tapio 和 Jacob,2007)。当 DNA 修复功能不全时,即为辐射敏感性增加(Tapio 和 Jacob,2007)。

评估非靶向效应在体内辐射反应、辐射诱发疾病的病理发生、个体间辐射敏感性和辐射风险中的作用不是一件易事(Morgan,2003;Prise 等,2006;Kadhim 等,2013)。

3.3 相对生物学效应

与低线性能量转移辐射反应相比,高线性能量转移辐射的生物学效应在数量和某些方面表现出质的差异。比较不同辐射质的生物学效应通常以相对生物学效应来进行。所讨论的辐射质(测试辐射)的相对生物学效应定义为引起相同生物学效应的参考辐射(如 X 射线)的剂量 D_x 和测试辐射(如重离子)的剂量 D_t 的比值(Durante 和 Cucinotta,2008)。相对生物学效应取决于线性能量转移、粒子速度和电荷、辐射剂量、剂量率和剂量分级、生物终点、被照射细胞或组织的类型以及氧浓度。相对生物学效应是太空辐射风险评估的核心参数。在不同的生物体系(通常是对单种离子造成的)中测定了不同生物终点的相对生物学效应(表 3.1)。不同的粒子种类和能量通常是根据它们的线性能量转移或电荷和速度总结出来的。对于许多终点来说,90~200keV/μm 的线性能量转移达到最大相对生物学效应(Thacker 等,1979;Ainsworth 等,1983;Kraft 等,1989;Yatagai,2004)。在啮齿动物实验中,重离子比高线性能量转移辐射的致癌效力更高(Fry 和 Storer,1987;Alpen 等,1993;Dicello 等,2004;Ando 等,2005;Durante 和 Cucinotta,2008)。

对于相同的线性能量转移,Z 值越高,离子速度越大,因此轨迹越宽(NCRP,

2006)。在 100keV/μm 以上,径迹结构导致对于不同的离子相对生物学效应和线性能量转移分别具有个体依赖性(Kraft 等,1989;Stoll 等,1995,1996)。

后期效应的相对生物效学应值是估计品质因子 Q(线性能量转移)的基础。LET 小于 10keV/μm 较低时,$Q=1$。当 LET 在 100keV/μm 附近时,$Q=30$,而 Q 在非常高的 LET 值时会降低(过度杀伤效应)(Durante 和 Cucinotta,2008)。剂量当量是能量剂量与 Q 的乘积(其单位为 Sv),$H=Q\times D$(参见 2.2 节)。

为了确定 Q 值,国际辐射防护委员会和国家辐射防护和测量委员会确定了最相关的生物学终点,收集这些终点在低剂量的相对生物学效应(RBEmax),并计算出平均相对生物学效应(Cucinotta 等,2005)。相对生物学效应评价发表在 ICRP 第 40 号报告(ICRP 1984)、NCRP 第 104 号报告(NCRP 1990)和 ICRP 第 92 号报告(ICRP 2003)中。LET 大于 100keV/μm 的重离子诱导哈德氏腺肿瘤实验对 Q 值来说具有决定性作用,该情况下相对生物学效应已非常高(表 3.1)(Fry 等,1983;Alpen 等,1994)与肿瘤相关终点的质子和重离子的数据非常少,而且实验的影响因素也比较多(参考辐射、剂量、剂量率和 LET 等),因此太空相关辐射质量的相对生物学效应存在很大的不确定性(Cucinotta 等,2005)。要对宇航员和太空旅行者进行定量风险估计,就必须知道诱导急性和后期辐射效应的银河宇宙射线成分和太阳粒子活动质子诱发急性及后期辐射效应的相对生物学效应(参见第 4 章)。

表 3.1　带电粒子的相对生物学效应

生物学终点	模型系统	辐射质量(LET)	相对生物学效应	参考文献
存活率	人体肾脏 T1 细胞	α 粒子(25~200keV/μm)	1.5~7.0	Barendsen 等,1960,1963
存活率(D_0)	人体皮肤成纤维细胞	α 粒子(100keV/μm)	5.2	Chen 等,1984
细胞凋亡	人体神经祖细胞系(Ntera2)	1 GeV/n 铁离子(150keV/μm)	3.4	Guida 等,2005
DNA 双链断裂诱导	V79 细胞	质子(11~31keV/μm)	≈1	Belli 等,1996
	CHO-K1 细胞	碳离子(17~400keV/μm)	≈1	Heilmann 等,1995
	V79 细胞	质子(31keV/μm) 氦离子(131keV/μm)	1.9 1.2	Belli 等,2001

续表

生物学终点	模型系统	辐射质量(LET)	相对生物学效应	参考文献
γ-H2Ax 病灶诱导	82-6hTERT 永生化成纤维细胞	铁离子(150keV/μm)	1.8	Whalen 等,2008
NF-κB 活化	HEK/293 细胞	氩离子(约为 270keV/μm)	≈9	Hellweg 等,2011
突变诱导	V79-753B 细胞,HGPRT 基因座	质子(11~24keV/μm)	5.0~7.7	Belli 等,1991
	人体胚胎成纤维细胞样细胞(HE20 细胞),HPRT 基因座	碳离子(20~310keV/μm)	2.2~7.5	Suzuki 等,2003;Yatagai,2004
染色体内交换	人体淋巴细胞	质子(0.4keV/μm) α 粒子(121keV/μm) 铁离子(140keV/μm)	0.8~1.3 1.9~8.1 1.9~8.9	Wu 等,1997
染色体畸变	大鼠骨髓细胞	铁离子(约为 150keV/μm)	≈3.2	Brooks 等,2001
染色体畸变(染色体过早凝集)	人体淋巴细胞	^{1}H-、^{3}He-、^{12}C-、^{40}Ar-、^{28}Si-、^{56}Fe-、^{197}Au 离子(0.4~1393keV/μm)	最多为 35	George 等,2003
白内障	小鼠	氩、氖和碳离子(小于 100keV/μm)	3~5	Jose 和 Ainsworth,1983;Yang 和 Ainsworth,1987
	大鼠	铁离子(190keV/μm) 氩离子(88keV/μm)	50~200(辐射剂量为 0.01Gy)	Brenner 等,1993
	大鼠	氩离子(88keV/μm)	最多 40	Merriam Jr. 等,1984
每个存活细胞的转化	HeLa×人体皮肤成纤维细胞系 CGL-1	碳离子(26keV/μm 和 153keV/μm)	2.5 和 12	Bettega 等,2009
	C3H10T1/2 细胞	α 粒子(约为 100keV/μm)	≈20	Miller 等,1995
	叙利亚仓鼠胚胎细胞	碳和硅离子(13~400keV/μm)	2~7	Han 等,1998
	金黄地鼠胚胎细胞	氖离子(530keV/μm) 氦离子(36keV/μm) 氦离子(77keV/μm)	3.3 2.4 3.3	Suzuki 等,1989

续表

生物学终点	模型系统	辐射质量(LET)	相对生物学效应	参考文献
肿瘤诱导	小鼠哈德氏腺肿瘤(含垂体同种移植)	铁离子(190keV/μm) 碳离子(40~90keV/μm)	27 12	Fry 等,1985
		氦离子(1.6keV/μm) 铁离子(193keV/μm) 铁离子(253keV/μm)	2.3 39.6 20.3	Alpen 等,1993,1994
	小鼠,腿部局部辐射	碳离子(4~300keV/μm)	2.2	Ando 等,2005
	大鼠,乳腺癌	碳离子(40~90keV/μm),高剂量和低剂量	2 和 10	Imaoka 等,2007
	小鼠,腿部局部辐射	碳离子(15、45 或 75keV/μm),高剂量	0.87、1.29 或 2.06	Ando 等,2014
	APC$^{1638N/+}$ [a] 雄性和雌性小鼠,小肠肿瘤	碳离子(13keV/μm) 硅离子(70keV/μm) 铁离子(150keV/μm)	1.6 和 1.4 6.4 和 3.7 3.7 和 3.5	Cucinotta 等,2017
	APC$^{1638N/+}$ 雄性小鼠,结直肠肿瘤	碳离子(13keV/μm) 硅离子(70keV/μm) 铁离子(150keV/μm)	5.8 15.0 11.9	

注:APC$^{1638N/+}$小鼠为结直肠癌小鼠模型。腺瘤性结肠息肉病(APC)基因在家族性腺瘤性息肉病中发生突变。APC 基因 1638 基码的截断导致小肠息肉的形成,以及随后的腺瘤和腺癌(Smits 等,1997)。

3.4 急性辐射效应

受到急性单一剂量辐射可以引发急性辐射综合征,也称为放射病。其症状取决于总吸收辐射剂量、辐射的类型和质量、剂量在身体组织和器官中的分布以及个人辐射敏感性(Cronkite,1964;Donnelly 等,2010;Drouet 和 Herodin,2010;Dorr 和 Meineke,2011;Reitz 和 Hellweg,2018)。

在稀疏电离辐射的剂量大于 0.5Gy 时,急性辐射综合征前驱症状期的特点是快速发作恶心、呕吐和不适,然后是几天到几周几乎没有症状的剂量依赖潜伏期(Reitz 和 Hellweg,2018)。通常认为迷走神经刺激延髓尾侧 IL-1β 是诱发急性辐射后呕吐的主要途径(Makale 和 King,1993)。在 1~2Gy 的剂量下,中枢神经系统的电活动和神经化学代谢已经受到干扰(Tofilon 和 Fike,2000)。这些影响可能与低剂量的前驱症状的发展有关(Marquette 等,2003)。如果宇航员穿着宇航服进行舱外活动时发生呕吐,那么前驱症状期可能会危及生命。

最先受到影响的是快速循环的组织。就个体而言,这种效应是通过细胞凋亡等细胞死亡诱导机制耗尽已经分化的细胞间区而产生的(Purgason 等,2018);还有一个原因是阻断有丝分裂细胞周期和干细胞室中发生的细胞死亡而导致耗尽的组织或器官缺少替代物或无法替代。只有克服细胞周期停滞并恢复增殖的细胞才能替代辐射损伤的组织来保持其正常功能(Reitz 和 Hellweg,2018)。

人体内对辐射最敏感的器官之一是含有造血干细胞的骨髓,在受到 0.7~4Gy 剂量辐射后,人体会出现骨髓功能衰退或者造血综合征。另一个对辐射敏感的组织是肠道,尤其是肠窝的细胞,负责更新寿命较短的功能绒毛细胞。受到 5~12Gy 的辐射后,这些器官开始失活(胃肠丸道综合征)。随着剂量的增加至 20Gy 以上,分化细胞的死亡会导致中枢神经系统综合征。30 天内导致 50% 的接触者死亡的剂量为 3~4Gy(致死剂量:$LD_{50/30}$)。一些研究提出,先天免疫系统的反应加剧在所有三种 ARS 亚综合征的发病机制中发挥重要作用(Vander Meeren 等,2005;Drouet 和 Herodin,2010;Jacob 等,2010)。上皮细胞和内皮细胞在 ARS 过程中可能产生促炎细胞因子(Vander Meeren 等,2005)。骨髓综合征的主要特征是免疫抑制(Reitz 和 Hellweg,2018)。在骨髓综合征中,辐射后的第一天就会出现进行性淋巴细胞减少。受到约 2Gy 的辐射导致血液中减少的淋巴细胞最多(Cronkite,1964)。淋巴细胞缺乏降低对感染的抵抗力。预计在受到 0.5Gy 吸收剂量的辐射后会出现免疫抑制(Dainiak 等,2003)。骨髓中巨核细胞的损伤导致血小板减少,从而增加出血倾向。出现进行性粒细胞减少症之后可能会出现早期粒细胞减少症(Chao,2007)。红细胞的寿命较长,导致贫血(在 2~6 周内)的发展比淋巴减少晚。在意外全身 γ 辐射后亚致死的几天内,在人体骨髓细胞(如红细胞)中观察到有丝分裂指数下降和细胞学异常(如有丝分裂桥、多极有丝分裂、双核细胞、微核),在事故发生多年后,它们有可能以较低的频率持续存在(Fliedner 等,1964)。如果患者无法度过骨髓可能可逆的再生障碍状态的关键时期,通常会在辐射后 30~60 天死于败血症(Cronkite,1964)。

如果接受剂量为 5~12Gy 的全身照射，经过短暂的潜伏期后，由于肠上皮大量细胞被破坏而丢失，同时肠上皮隐窝中缺少成功的有丝分裂活动，以及黏膜下细小血管系统存在损伤，从而导致细菌侵入并产生局部和全身炎症和血液中毒（败血症），进而导致多器官衰竭（Drouet 和 Herodin，2010），通常会在辐射后 3~10 天死亡（Reitz 和 Hellweg，2018）。在这一复杂的事件链中，内皮细胞和实质细胞受到损伤（Gaugler 等，2005），产生促炎细胞因子，如白细胞介素-8（IL-8）、IL-6、IL-12 和 IL-18 以及活性氧（Singer 等，2004；Jacob 等，2010），并释放神经肽（Gourmelon 等，2005）。通常认为先天免疫系统的激活与靶器官损伤和不利的代谢及血液动力学反应有关（Jacob 等，2010）。最近一项将小鼠进行全身质子辐射（250MeV）的实验显示，在施加 0.1Gy 剂量后，小肠隐窝中凋亡细胞的数量增加，隐窝存活细胞的数量减少（Purgason 等，2018）。由于基因表达发生变化，在这种低剂量下小肠会出现低度炎症（Purgason 等，2018）。

中枢神经系统综合征会在进行非常高剂量的急性辐射后几小时到几天发病（Reitz 和 Hellweg，2018）。症状包括失衡、意识模糊、抽搐最终昏迷以及骨髓和胃肠综合征等迹象，而这些症状的后续影响往往是致命的。辐射剂量在 10~12Gy 时，致死率高达 100%。在大脑中，肿瘤坏死因子 α（TNF-α）、IL-1α 和 IL-1β 等细胞因子在小鼠全身辐射后数小时内出现超表达（Jacob 等，2010）。

在太空任务中，宇航员辐射暴露在主要来自大型太阳粒子活动的质子中可能会引发急性辐射综合征。动物实验表明，模拟 SPE（36h 内释放 2Gy 质子）会诱发贫血，表现为红细胞数量减少、免疫抑制，血液中淋巴细胞、单核细胞和粒细胞数量减少，以及脾脏相对质量减少（Gridley 等，2008）。接受 3Gy 质子辐射的小鼠在 12h 后就已经能观察到强烈的免疫抑制，而这种抑制在第 4 天达到最低点（Kajioka 等，2000）。淋巴细胞亚群的辐射敏感性按照 B 细胞>$CD8^+$细胞毒性或调节性 T 细胞>$CD4^+$T 辅助细胞>自然杀伤（NK）细胞的顺序降低（Kajioka 等，2000）。免疫抑制可能的后效是增加感染易感性、促进启动细胞诱导癌症以及免疫系统紊乱，如自身免疫或过敏（Reitz 和 Hellweg，2018）。

3.5 慢性和后期辐射效应

辐射的慢性或延迟效应包括癌症诱导和非癌症效应。非癌症效应包括中央神经系统、心血管系统、眼睛晶状体(白内障)和其他器官系统的退行性疾病。

3.5.1 癌症

对于受到中等和低剂量全身辐射照射的原子弹幸存者和辐射事故受害者来说,诱发癌症是一个基本的长期后果,甚至会致命。在放射治疗中,肿瘤周围组织的低剂量辐射随机诱发继发性肿瘤。尚不清楚对于宇航员来说由于后期效应而发展为癌症的风险。电离辐射能损伤DNA,引起原癌基因突变或导致抑癌基因功能丧失,从而发生肿瘤。尚不明确电离辐射在肿瘤促进和进展中的作用(Reitz 和 Hellweg,2018),在1Sv以下剂量范围内诱发肿瘤的概率来自高剂量率辐射的原子弹幸存者的癌症发病率(实体肿瘤、白血病)(Pierce 和 Preston,2000;Pierce 等,1996,2012)。随着癌症放射治疗后患者生存期的增加,人们越来越关注继发性癌症的风险,尤其是天生对放射更敏感的儿童(Baskar,2010)。一般认为乳腺、甲状腺、结肠和肺是辐射诱发实体癌的主要部位(Preston 等,2007;Durante 和 Cucinotta,2008)。国家辐射防护和测量委员会表示,男性和女性的自然癌症发病率不同,辐射增加了女性乳腺癌和卵巢癌的风险,并增加了女性肺癌的风险(NCRP,2000;Cucinotta 和 Durante,2009)。这是因为女性的辐射限值低于男性(NCRP,2000)。

在长期的太空探索任务中,宇航员会积累大量银河宇宙辐射。目前还没有银河宇宙辐射导致的人体癌症风险数据,尤其是重离子的数据,而且放射生物学数据也十分有限(Reitz 和 Hellweg,2018)。因此,从地面辐射情况(主要是原子弹幸存者)得出的风险估计数以及对行星际航行条件的预测都存在很大的不确定性(Durante 和 Cucinotta,2008)。

很难将重离子的早期生物学效应与癌症概率联系起来。外周血淋巴细胞染色体畸变的发生与癌症发展之间的因果关系有助于通过对畸变频率的适当分析来评估癌症风险(Durante 等,2001)。经过长时间的太空飞行,在宇航员身上发现染色体畸变显著增加(George 等,2001);然而,关于宇航员癌症死亡率和发病率的数据有限,而且由于国际空间站时代之前的任务组规模小和剂量低,这些数据缺乏统计可信度(宇航员健康纵向研究委员会,2004)。

利用染色体畸变评分进行风险评估后发现,苏联和平号空间站长期执行任务的宇航员的相对癌症风险约为 1.2~1.3(Durante 等,2001);对于在行星表面持续 1000 天的火星任务,任务剂量为 1.07Sv,癌症风险预测的不确定性估计在 400%~600%(Cucinotta 等,2001b;Cucinotta 等,2015)。

3.5.2 退行性组织效应

慢性银河宇宙射线辐射或急性太阳粒子活动辐射可能会引起退行性组织效应。自 20 世纪 80 年代以来,重离子辐射后对眼睛的退行性影响(白内障)一直是研究的焦点。

在过去的 20 年里,美国国家航空航天局资助了大量关于重离子对中枢神经系统影响的项目。此外,通常认为心血管病理学是 NASA 人体综合研究计划(Milstead 等,2019)中的关注点。

退行性疾病的发病机制涉及与生活方式相关的肥胖、酒精和烟草等因素,这些因素都导致特别难以评估空间辐射相关风险。特别是在较低剂量范围内,基于人群的风险估计可能由于这些因素而被忽视。在低剂量范围内对于不同人群的影响存在很大的不确定性,并预期对宇航员来说,可仍保持强壮与健康,工作不受太大影响。

1. 白内障

目前,人们普遍认为长时间受到稀疏电离辐射后,白内障形成的阈值为 2Gy,而一些研究者甚至认为剂量低至 100~300mGy,甚至没有任何阈值(Worgul 等,1999)。通过将家兔进行氖或氩离子辐射的研究,Lett 等(1980)得出结论,宇航员在离开近地轨道的长期太空任务后几十年会面临后期辐射影响。实验已经表明,对于进行密集电离辐射(高能重离子)的小鼠和大鼠,即使剂量低于 2Gy(Worgul 等,1989;Worgul 和 Brenner 等,1993;Hall 等,2006),这种辐射质量在白内障形成中特别有效(表 3.1)。ATM 异型接合性伴随着发生白内障的敏感性更高(Hall 等,2006;Durante 和 Cucinotta,2008)。Blakely 等(2010)认为,白内障诱导的较低阈值约为100mGy。此外，与其他辐射效应相反，降低剂量率并不能降低白内障风险（Hamada，2017）。恒河猴的平均寿命约为24岁，实验发现在受到不同能量的质子辐射后的恒河猴中形成了白内障（约20年），而在受到高能铁离子辐射后的兔子中也发现形成了白内障（Lett等，1991；Cox等，1992）。除动物实验外，对接受放射治疗的患者的调查为宇航员在太空辐射诱导下形成白内障或诱发癌症的风险评估提供了有价值的数据（Blakely等，1994；Lett等，1994；Wu等，1994）。到目前为止，宇航员在太空辐射中唯一经过证实的后期效应是晶状体混浊（Cucinotta等，2001a；Rastegar等，2002）。鉴于人类空间飞行任务的总死亡风险为百分之几，而且白内障手术可以恢复视力，所以将白内障视为中短期空间飞行中的一个重大健康风险是不合理的。而对于跨越数年的长期任务，必须考虑白内障的反应时间。在这样的任务中，白内障可能会在返回地球之前就已发生，从而对任务的成功构成风险（Reitz和Hellweg，2018）。

晶状体具有高度的辐射敏感性，因为它缺乏清除受损细胞的机制，其透明度依赖晶状体上皮细胞正确分化为晶状体纤维。异常分化、DNA双链断裂缓慢或不完全修复、衰老和晶体变化都是晶状体放射敏感性较高的原因（Hamada，2017）。

2. 中枢神经系统效应

研究人员目前正在讨论宇宙射线辐射对中枢神经系统（CNS）作为"太空-大脑"的影响，包括在用重离子照射小鼠和大鼠后，使用各种分析方法（Shukitt-Hale等，2003）观察到的认知缺陷和神经损伤（Jandial等，2018），如莫里斯水迷宫（Shukitt-Hale等，2000，2007；Higuchi等，2002；Villasana等，2013）、巴恩斯迷宫（Britten等，2012，2016；Wyrobek和Britten，2016）、8臂径向迷宫（Denisova等，2002）、Y形迷宫（Carr等，2018），以及情境恐惧条件化测试（Villasana等，2010，2013；Cherry等，2012；Raber等，2013，2014）。许多研究用的是小鼠模型和高能^{56}Fe离子（500MeV/n或1000MeV/n），高能^{56}Fe离子对任务期间积累的有效剂量有很大影响（Durante和Cucinotta，2008）。最近的研究开始将重离子和质子相结合（Kiffer等，2018）。为了更接近慢性辐射场景，而不是一次急性辐照，用铁离子进行了分级辐射，结果显示，分次^{56}Fe离子辐射与急性辐射对成人神经干细胞同样有害（Rivera 等，2013）。这些缺陷与记忆、物体识别、学习过程、空间方向、运动功能、反应时间有关，还可能表现为抑郁的行为和疲劳（Shukitt-Hale 等，2000，2007；Higuchi 等，2002；Villasana 等，2010；Britten 等，2012，2016；Cherry 等，2012；Raber 等，2014；Parihar 等，2016，2018；Wyrobek 和 Britten，2016）。这种缺陷也发生在年老的动物认知功能下降期间。在国际空间站的剂量范围下（100～200mSv），可从啮齿动物中观察到这种影响（Cherry 等，2012；Britten 等，2014；Wyrobek 和 Britten，2016；Carr 等，2018；Kiffer 等，2019），或在行星际探索任务中持续辐射了 1 年（Parihar 等，2018）。在接受低至 10～100mGy 氧离子（1000MeV/n）的辐射后，大鼠的社交能力受到影响（Jones 等，2019）。在 1～4Gy 剂量辐射后 3 个月，未观察到铁离子辐射的雄性斯普拉格-道利大鼠和雄性和雌性 C57BL/6 小鼠的运动活性受到影响（Casadesus 等，2004；Villasana 等，2010）。

受到重离子辐射后，大脑中可能出现的功能和结构变化包括氧化应激、基因组不稳定、神经炎症、神经元结构退化，包括调制的树突棘形态和密度，例如海马内的齿状回和阿蒙角 1 区、海马神经发生受到抑制，突触的完整性改变，伴有突触前和突触后基因表达以及神经递质释放的变化（Machida 等，2010；DeCarolis 等，2014；Allen 等，2015；Inpey 等，2016；Raber 等，2016；Sweet 等，2016；Acharya 等，2017；Carr 等，2018；Dickstein 等，2018）。在 1Gy 剂量下观察到质子辐射小鼠海马脑片发生电生理变化（Marty 等，2014）。几十年来，人们一直在讨论辐射与氧化应激之间的联系（Cucinotta 和 Durante，2009），一般认为氧化应激在神经退行性疾病中发挥作用（Huang 等，2016；Tenkorang 等，2018），这表明电离辐射可以通过诱导氧化应激而引发或促进神经退行性疾病。

对于原子序数大于 10（Z>10）的重离子而言，预计会产生特别明显的影响，因此美国国家航空航天局为这些离子引入了额外的中枢神经系统阈值，见表 3.2（Williams，2015）。尚不清楚宇航员在多大程度上面临认知缺陷和早期痴呆症的风险。

表 3.2 在整个职业生涯中太空任务的短期影响和非癌症影响的限制，美国国家航空航天局标准 3001(Williams,2015)

器官	30 天限制	1 年限制	职业限制
晶状体①	1000mGy-Eq④	2000mGy-Eq	4000mGy-Eq
皮肤	1500mGy-Eq	3000mGy-Eq	6000mGy-Eq
造血器官	250mGy-Eq	500mGy-Eq	不适用
心血管系统②	250mGy-Eq	500mGy-Eq	1000mGy-Eq
中枢神经系统③	500mGy	1000mGy	1500mGy
CNS③(Z>10)	—	100mGy	250mGy

注:① 这些限制可以在 5 年内防止形成白内障。目前无法预防小剂量宇宙射线辐射诱发的白内障。

② 心肌和邻近动脉的平均限值。

③ 计算了海马区的上述限度。

④ mGy-Eq 这个剂量是基于相对生物学效应,相对生物学效应是针对效应和辐射质量的特异剂量,以及能量剂量。对于晶状体、皮肤、造血器官和心血管系统的非癌症影响,建议中子(1~5MeV)或3.5MeV(5~50MeV)的相对生物学效应为 6,重离子为 2.5,能量高于 2MeV 的质子为 1.5。中枢神经系统效应的 RBE 在很大程度上是未知的,因此极限是以 mGy 为单位的能量剂量,原子序数大于 10 的离子有一个额外的极限。

最近的研究揭示了重离子后神经行为变化的性别差异。在 1Gy 以下的剂量范围内,雌性啮齿动物比雄性啮齿动物的严重缺陷更少,部分原因在于雌激素的神经保护作用(Silasi 等,2004;Whoolery 等,2017;Krukowski 等,2018)。与雄性小鼠相比,雌性小鼠的小胶质细胞似乎具有更少的攻击性,因此受重离子诱导的脑损伤的影响更小(Krukowski 等,2018)。在剂量超过 1Gyγ 射线或 ^{56}Fe 离子时,雌性小鼠比雄性小鼠更容易受到影响(Villasana 等,2006,2011)。这个结果突出表明了使用与太空飞行相关的(中低剂量)剂量范围进行研究的必要性。

关于辐射诱发认知缺陷易感性的研究仍处于早期阶段。即使在 2Gy 剂量下,并非所有铁离子(1GeV/n ^{56}Fe)辐射的大鼠都会出现认知损伤,海马蛋白质组分析揭示了易感大鼠的特定蛋白质表达谱,该谱会促进神经元丢失和凋亡,并改变突触可塑性和树突重塑(Britten 等,2017;Dutta 等,2018)。脂蛋白 E①(ApoE)的特异性等位基因会产生 ApoE4 亚型,而 ApoE4 亚型是阿尔茨海默症的主要遗传危险因素。在表达不同人体 ApoE 亚型的转基因小鼠中,辐射强化了基因型依赖性神经行为缺陷(Villasana 等,2006,2011,2016;Haley 等,2012;Yeiser 等,2013)。长期低剂量 γ 射线辐射(1mGy/天或 20mGy/天)超过 300 天,会改变 $ApoE^{-}$/小鼠海马中的磷酸化蛋白组(Kempf 等,2016)。此外,早衰蛋白和淀粉样蛋白前体的突变可能会形成阿尔茨海默症。在具有这些突变的小鼠阿尔茨海默症模型中,重离子辐射可以加速疾病进程和行为缺陷(Vlkolinsky 等,2010;Cherry 等,2012)。

3. 对心血管系统的影响

对于部分身体辐射的放射治疗患者和经历严重全身辐射的原子弹幸存者的研究,成为辐射能够引起动脉粥样硬化和脑血管病等心血管疾病的证据。

研究表明,癌症放射治疗的副作用有时要数年或数十年才会显现出来,这些副作用主要是辐射诱发的心血管疾病,包括加速动脉粥样硬化、心肌纤维化、心脏传导和瓣膜异常等(Darby 等,2005,2013;McGale 等,2011)。在这些情况下,一些血管,甚至心脏会受到高剂量的辐射,由于技术限制,肿瘤周围的大量非癌(正常)组织受到辐射(Boerma,2016)。通常认为在接受治疗剂量的电离辐射后,DNA 损伤、活性氧和慢性炎症会导致动脉粥样硬化等心血管疾病(Sylvester 等,2018)。

对原子弹幸存者和核工作人员的流行病病理逻辑研究,为电离辐射对急性全身辐射后心血管疾病发展的贡献提供了证据(Little 等,2012)。从这些研究

---

① ApoE 存在于血清中。它作为低密度脂蛋白(LDL)等人受体的识别位点,参与极低密度脂蛋白和乳糜微粒内胆固醇的运输、沉积和代谢[Blum C B, Deckelbaum R J, Witte L D, et al,1982. Role of apolipoprotein E-containning Lipoproteins in abetalipoprotei-nemia. J Clin:Invest,70(6): 1157-1169. Blum C B, 2016. Type Ⅲ hyperlipoproteinemia: Still worth considerling. Prog Cardiovasc Dis,59(2): 119-124.]。人体中的 112 位和 158 位氨基酸的密码子是多态性的(E2 半胱氨酸/半胱氨酸、E3 半胱氨酸/精氨酸、E4 精氨酸/精氨酸),导致六种不同的基因型(ε2/ε2、ε3/ε3、ε4/ε4、ε2/ε3、ε2/ε4、ε3/ε4)。

中得出,在 0.5Gy 以上的低线性能量转移辐射剂量下,具有辐射诱发心血管疾病的风险(Little 等,2012;Little,2016;Sylvester 等,2018)。例如,在国际空间站近地轨道上停留 3~5 年(取决于太阳活动,迄今为止从未发生过这种情况)或进行为期 3 年的火星任务,就可能超过这一剂量。因此,以人类目前的知识水平,尚不能排除在长时间太空飞行期间受到宇宙射线辐射或太阳粒子活动影响后可能产生组织退化效应的风险。

目前,受到慢性宇宙射线辐射的心血管疾病风险来自日本原子弹幸存者的数据(Shimizu 等,2010),以及职业或环境辐射的多项元分析研究(Little 等,2012;Little,2016)。所有类型心血管疾病的相对风险估计为 1.10~1.20,剂量为 1Sv(Little 等,2012;Little,2016)。一份关于阿波罗宇航员心血管死亡率快速上升的出版物(Delp 等,2016)引发了争议,而这篇文章并不权威,因为它的数据收集和分析方面存在缺陷(Cucinotta 等,2016)。一项新的分析考虑了阿波罗和非登月宇航员的不同年龄结构,但未能证明登月宇航员心血管疾病过多导致死亡(Reynolds 和 Day,2017)。美国宇航员严格的选择和健康的生活方式都说明,宇航员群体的心血管疾病死亡率明显低于普通人群(Cucinotta 等,2016)。Reynolds 和 Day(2017)在最近的死亡率研究中证实了这种健康工人效应。基于最近一项包括 310 名 NASA 宇航员和 981 名非宇航员 NASA 员工的研究,其中发现这些人都存在类似的心血管疾病风险(Ade 等,2017)。这些结果进一步证明很难在流行病学上研究太空旅行的长期影响,因为宇航员群体很小,而巨大的混杂效应导致宇航员受到的辐射剂量相当低(Reynolds 和 Day,2017;Sylvester 等,2018)。为期多年的火星任务将超过辐射诱发心血管疾病的 0.5Gy 阈值,该阈值是通过对受辐射暴露的地面人群的研究得出的。表 3.2 列出目前 NASA 对宇航员各循环系统的剂量限制。

要从地球流行病学数据推断太空任务期间辐射情况,就必须了解辐射质量和剂量率效应在辐射诱发心血管疾病中的作用。因此,有研究分析高线性能量转移辐射对心血管系统的影响。这些研究可以提高人类对辐射诱发心血管疾病的机制和途径的认识。在重离子加速器上用动物(主要是啮齿动物)和细胞培养模型进行了基础研究。许多小鼠品种对动脉粥样硬化有抗性①,因此,与其他动脉粥样硬化研究一样,使用脂质代谢②存在缺陷的突变小鼠来研究辐射诱导的动脉粥样硬化(Sylvester 等,2018)。与野生型小鼠相比,这些小鼠容易发生动脉粥样硬化病变,并且在观察到病变之前的时间缩短(Meir 和 Leitersdorf,2004;Sylvester 等,2018),这可能是由于野生型小鼠和载脂蛋白 E 缺乏症($ApoE^{-/-}$)小鼠中的炎症和激活的血栓通路不同(Hoving 等,2012)。在受到600MeV/n、2.6Gy 的^{56}Fe离子辐射 4~5 周后,血管反应程度降低,然后形成动脉粥样硬化斑块(White 等,2015),而受到 2~5Gy^{56}Fe离子辐射的 $ApoE^{-/-}$小鼠的动脉中开始加速形成动脉粥样硬化病变(Yu 等,2011)。1GeV/n、150mGy 的低剂量^{56}Fe离子辐射能够改变心肌细胞的方面包括炎症、免疫细胞转运、DNA损伤、修复和自由基清除(Coleman 等,2015)。在野生型小鼠中,100mGy 的质子(150MeV)对心脏中肌动蛋白、Ⅲ型胶原和炎症细胞标记物没有影响,而500mGy^{56}Fe离子(600MeV/n)对它们有很大的影响,而如果事先接受质子辐射,就能消除这种影响(Ramadan 等,2016)。在大鼠中,γ 射线、质子和重离子辐射降低了斯普拉格-道利大鼠血浆总抗氧化剂水平(Guan 等,2004)。全身受到 1Gy 铁离子辐射会增加大鼠主动脉僵硬,而一般认为辐射诱导黄嘌呤氧化酶活化会产生活性氧(Soucy 等,2011)。

美国国家航空航天局识别出了人类在心血管疾病辐射风险知识方面的若干差距,而这些方面作为太空探索任务中对宇航员的长期健康影响因素,尚需进行生物风险表征、风险评估和制定医疗对策来加以应对(Patel 等,2016)。

---

① 这种耐药性的原因是它们寿命短,血浆中保护性高密度脂蛋白(HDL)浓度高,低密度脂蛋白(LDL)浓度低。

② 载脂蛋白 E(ApoE)和 LDL 受体(LDLr)基因敲除,ApoE3 Leiden 和 ApoB100 突变体以显性负性方式起作用[Emini Veseli,B., P. Perrotta, G. R. A. De Meyer, L. Roth, C. Van der Donckt, W. Martinet and G. R. Y. De Meyer(2017). Animal models of atherosclerosis. Eur J Pharmacol,816: 3-13. & Getz, G. S., C. A.,Reardon 2015. "Usc of Mouse Models in Atherosclerosis Research." Methods Mol Biol 1339: 1-16.]。必须考虑到这些模型中斑块的位置、形式、结构和稳定性与人体动脉粥样硬化中的斑块不同[Getz, G. S.,C. A.,Reardon,2012. Animal models of atherosclerosis. Arterioscler Thromb Vasc Biol,32(5): 1104-1115.]

参考文献

Acharya MM, Baddour AA, Kawashita T, Allen BD, Syage AR, Nguyen TH, Yoon N, Giedzinski E, Yu L, Parihar VK, Baulch JE (2017) Epigenetic determinants of space radiation-induced cognitive dysfunction. Sci Rep 7:42885

Ade CJ, Broxterman RM, Charvat JM, Barstow TJ (2017) Incidence rate of cardiovascular disease end points in the national aeronautics and space administration astronaut corps. J Am Heart Assoc 6(8):e005564

Ainsworth EJ, Kelly LS, Mahlmann LJ, Schooley JC, Thomas RH, Howard J, Alpen EL (1983) Response of colony-forming units-spleen to heavy charged particles. Radiat Res 96(1):180-197

Allen AR, Raber J, Chakraborti A, Sharma S, Fike JR (2015) (56) Fe irradiation alters spine density and dendritic complexity in the mouse hippocampus. Radiat Res 184(6):586-594

Alpen EL, Powers-Risius P, Curtis SB, DeGuzman R (1993) Tumorigenic potential of high-Z, high-LET charged-particle radiations. Radiat Res 136(3):382-391

Alpen EL, Powers-Risius P, Curtis SB, DeGuzman R, Fry RJ (1994) Fluence-based relative biological effectiveness for charged particle carcinogenesis in mouse Harderian gland. Adv Space Res 14(10):573-581

Ando K, Koike S, Oohira C, Ogiu T, Yatagai F (2005) Tumor induction in mice locally irradiated with carbon ions: a retrospective analysis. J Radiat Res 46(2):185-190

Ando K, Koike S, Ohmachi Y, Ando Y, Kobashi G (2014) Tumor induction in mice after local irradiation with single doses of either carbon-ion beams or gamma rays. Int J Radiat Biol 90(12):1119-1124

Aoki M, Furusawa Y, Yamada T (2000) LET dependency of heavy-ion induced apoptosis in V79 cells. J Radiat Res 41(2):163-175

Asaithamby A, Chen DJ (2011) Mechanism of cluster DNA damage repair in response to high-atomic number and energy particles radiation. Mutat Res 711(1-2):87-99

Asaithamby A, Uematsu N, Chatterjee A, Story MD, Burma S, Chen DJ (2008) Repair of HZE-particle-induced DNA double-strand breaks in normal human fibroblasts. Radiat Res 169(4):437-446

Banath JP, Olive PL (2003) Expression of phosphorylated histone H2AX as a surrogate of cell killing by drugs that create DNA double-strand breaks. Cancer Res 63(15):4347-4350

Barcellos-Hoff MH, Mao JH (2016) HZE radiation non-targeted effects on the microenvironment that mediate mammary carcinogenesis. Front Oncol 6:57

Barendsen GW, Beusker TL, Vergroesen AJ, Budke L (1960) Effects of different radiations on human cells in tissue culture. Ⅱ. Biological experiments. Radiat Res 13:841-849

Barendsen GW, Walter HM, Fowler JF, Bewley DK (1963) Effects of different ionizing radiations on human cells in tissue culture. Ⅲ. Experiments with cyclotron-accelerated alpha-particles and deuterons. Radiat Res 18:106-119

Baskar R (2010) Emerging role of radiation induced bystander effects: cell communications and carcinogenesis. Genome Integr 1(1):13

Baulch JE, Craver BM, Tran KK, Yu L, Chmielewski N, Allen BD, Limoli CL (2015) Persistent oxidative stress in human neural stem cells exposed to low fluences of charged particles. Redox Biol 5:24-32

Baumstark-Khan C, Heilmann J, Rink H (2003) Induction and repair of DNA strand breaks in bovine lens epithelial cells after high LET irradiation. Adv Space Res 31(6):1583-1591

Bekker-Jensen S, Mailand N (2010) Assembly and function of DNA double-strand break repair foci in mammalian cells. DNA Repair (Amst) 9(12):1219-1228

Belli M, Cera F, Cherubini R, Ianzini F, Moschini G, Sapora O, Simone G, Tabocchini MA, Tiveron P (1991) Mutation induction and RBE-LET relationship of low-energy protons in V79 cells. Int J Radiat Biol 59(2):459-465

Belli M, Ianzini F, Sapora O, Tabocchini MA, Cera F, Cherubini R, Haque AM, Moschini G, Tiveron P, Simone G (1996) DNA double strand break production and rejoining in V79 cells irradiated with light ions. Adv Space Res 18(1-2):73-82

Belli M, Cherubini R, Dalla Vecchia M, Dini V, Esposito G, Moschini G, Sapora O, Signoretti C, Simone G, Sorrentino E, Tabocchini MA (2001) DNA fragmentation in mammalian cells exposed to various light ions. Adv Space Res 27(2):393-399

Bettega D, Calzolari P, Hessel P, Stucchi CG, Weyrather WK (2009) Neoplastic transformation induced by carbon ions. Int J Radiat Oncol Biol Phys 73(3):861-868

Blakely E, Chang P, Lommel L, Bjornstad K, Dixon M, Tobias C, Kumar K, Blakely WF

(1989) Cell-cycle radiation response: role of intracellular factors. Adv Space Res 9(10):177-186

Blakely EA, Daftari IK, Meecham WJ, Alonso LC, Collier JM, Kroll SM, Gillette EL, Lee AC, Lett JT, Cox AB, Castro JR, Char DH (1994) Helium-ion-induced human cataractogenesis. Adv Space Res 14(10):501-505

Blakely EA, Kleiman NJ, Neriishi K, Chodick G, Chylack LT, Cucinotta FA, Minamoto A, Nakashima E, Kumagami T, Kitaoka T, Kanamoto T, Kiuchi Y, Chang P, Fujii N, Shore RE (2010) Radiation cataractogenesis: epidemiology and biology. Radiat Res 173(5):709-717

Boerma M (2016) An introduction to space radiation and its effects on the cardiovascular system: 12

Brenner DJ, Ward JF (1992) Constraints on energy deposition and target size of multiply damaged sites associated with DNA double-strand breaks. Int J Radiat Biol 61(6):737-748

Brenner DJ, Medvedovsky C, Huang Y, Worgul BV (1993) Accelerated heavy particles and the lens. Ⅷ. Comparisons between the effects of acute low doses of iron ions (190 keV/microns) and argon ions (88 keV/microns). Radiat Res 133(2):198-203

Britten RA, Davis LK, Johnson AM, Keeney S, Siegel A, Sanford LD, Singletary SJ, Lonart G (2012) Low (20 cGy) doses of 1 GeV/u (56)Fe--particle radiation lead to a persistent reduction in the spatial learning ability of rats. Radiat Res 177(2):146-151

Britten RA, Davis LK, Jewell JS, Miller VD, Hadley MM, Sanford LD, Machida M, Lonart G (2014) Exposure to mission relevant doses of 1 GeV/nucleon (56)Fe particles leads to impairment of attentional set-shifting performance in socially mature rats. Radiat Res 182(3):292-298

Britten RA, Jewell JS, Miller VD, Davis LK, Hadley MM, Wyrobek AJ (2016) Impaired spatial memory performance in adult wistar rats exposed to low (5-20 cGy) doses of 1 GeV/n (56)Fe particles. Radiat Res 185(3):332-337

Britten RA, Jewell JS, Davis LK, Miller VD, Hadley MM, Semmes OJ, Lonart G, Dutta SM (2017) Changes in the hippocampal proteome associated with spatial memory impairment after exposure to low (20 cGy) doses of 1 GeV/n (56)Fe radiation. Radiat Res 187(3):287-297

Brooks A, Bao S, Rithidech K, Couch LA, Braby LA (2001) Relative effectiveness of HZE iron-56 particles for the induction of cytogenetic damage in vivo. Radiat Res 155 (2):353-359

Bücker H, Facius R, Horneck G, Reitz G, Graul EH, Berger H, Hoffken H, Ruther W, Heinrich

W, Beaujean R, Enge W (1986a) Embryogenesis and organogenesis of Carausius morosus under spaceflight conditions. Adv Space Res 6 (12):115–124

Bücker H, Horneck G, Reitz G, Graul EH, Berger H, Hoffken H, Ruther W, Heinrich W, Beaujean R (1986b) Embryogenesis and organogenesis of Carausius morosus under spaceflight conditions. Naturwissenschaften 73 (7):433–434

Carr H, Alexander TC, Groves T, Kiffer F, Wang J, Price E, Boerma M, Allen AR (2018) Early effects of (16) O radiation on neuronal morphology and cognition in a murine model. Life Sci Space Res (Amst) 17:63–73

Casadesus G, Shukitt–Hale B, Cantuti–Castelvetri I, Rabin BM, Joseph JA (2004) The effects of heavy particle irradiation on exploration and response to environmental change. Adv Space Res 33 (8):1340–1346

Chang J, Feng W, Wang Y, Luo Y, Allen AR, Koturbash I, Turner J, Stewart B, Raber J, HauerJensen M, Zhou D, Shao L (2015) Whole–body proton irradiation causes long–term damage to hematopoietic stem cells in mice. Radiat Res 183 (2):240–248

Chao NJ (2007) Accidental or intentional exposure to ionizing radiation: biodosimetry and treatment options. Exp Hematol 35 (4 Suppl 1):24–27

Chen DJ, Strniste GF, Tokita N (1984) The genotoxicity of alpha particles in human embryonic skin fibroblasts. Radiat Res 100 (2):321–327

Cherry JD, Liu B, Frost JL, Lemere CA, Williams JP, Olschowka JA, O'Banion MK (2012) Galactic cosmic radiation leads to cognitive impairment and increased abeta plaque accumulation in a mouse model of Alzheimer's disease. PLoS One 7 (12):e53275

Chishti AA, Baumstark–Khan C, Koch K, Kolanus W, Feles S, Konda B, Azhar A, Spitta LF, Henschenmacher B, Diegeler S, Schmitz C, Hellweg CE (2018) Linear energy transfer modulates radiation–induced NF–kappa B activation and expression of its downstream target genes. Radiat Res 189 (4):354–374

Coleman MA, Sasi SP, Onufrak J, Natarajan M, Manickam K, Schwab J, Muralidharan S, Peterson LE, Alekseyev YO, Yan X, Goukassian DA (2015) Low–dose radiation affects cardiac physiology: gene networks and molecular signaling in cardiomyocytes. Am J Physiol Heart Circ Physiol 309 (11):H1947–H1963

Committee on the Longitudinal Study of Astronaut Health (2004) Review of NASA's longitudinal study of astronaut health (LSAH). In: Longnecker DE, Manning FJ, Worth MH (ed). The National Academic Press, Washington, DC

Coppe JP, Desprez PY, Krtolica A, Campisi J (2010) The senescence-associated secretory phenotype: the dark side of tumor suppression. Annu Rev Pathol 5:99-118

Cornelissen M, Thierens H, De Ridder L (2002) Interphase death in human peripheral blood lymphocytes after moderate and high doses of low and high LET radiation: an electron microscopic approach. Anticancer Res 22 (1a):241-245

Cornforth MN (2006) Perspectives on the formation of radiation-induced exchange aberrations. DNA Repair (Amst) 5 (9-10):1182-1191

Costes SV, Boissiere A, Ravani S, Romano R, Parvin B, Barcellos-Hoff MH (2006) Imaging features that discriminate between foci induced by high and low-LET radiation in human fibroblasts. Radiat Res 165 (5):505-515

Cox AB, Lee AC, Williams GR, Lett JT (1992) Late cataractogenesis in primates and lagomorphs after exposure to particulate radiations. Adv Space Res 12 (2-3):379-384

Cronkite EP (1964) The diagnosis, treatment, and prognosis of human radiation injury from whole-body exposure. Ann NY Acad Sci 114:341-355

Cucinotta FA, Chappell LJ (2011) Updates to astronaut radiation limits: radiation risks for neversmokers. Radiat Res 176 (1):102-114

Cucinotta FA, Durante M (2006) Cancer risk from exposure to galactic cosmic rays: implications for space exploration by human beings. Lancet Oncol 7 (5):431-435

Cucinotta FA, Durante M (2009) Risk of radiation carcinogenesis. In: Mcphee J, Charles J (eds) Human health and performance risks of space exploration missions. National Aeronautics and Space Administration, Houston, TX, pp 119-170

Cucinotta FA, Nikjoo H, Goodhead DT (2000) Model for radial dependence of frequency distributions for energy imparted in nanometer volumes from HZE particles. Radiat Res 153 (4):459-468

Cucinotta FA, Manuel FK, Jones J, Iszard G, Murrey J, Djojonegro B, Wear M (2001a) Space radiation and cataracts in astronauts. Radiat Res 156 (5 Pt 1):460-466

Cucinotta FA, Schimmerling W, Wilson JW, Peterson LE, Badhwar GD, Saganti PB, Dicello JF (2001b) Space radiation cancer risks and uncertainties for Mars missions. Radiat Res 156 (5 Pt 2):682-688

Cucinotta FA, Kim M-HY, Ren L (2005) Managing lunar and mars mission radiation risks. Part 1; cancer risks, uncertainties, and shielding effectiveness. Technical Publication, NASA Johnson Space Center, Houston, TX, p 44

Cucinotta FA, Alp M, Rowedder B, Kim MH (2015) Safe days in space with acceptable uncertainty from space radiation exposure. Life Sci Space Res (Amst) 5:31-38

Cucinotta FA, Hamada N, Little MP (2016) No evidence for an increase in circulatory disease mortality in astronauts following space radiation exposures. Life Sci Space Res (Amst) 10:53-56

Cucinotta FA, To K, Cacao E (2017) Predictions of space radiation fatality risk for exploration missions. Life Sci Space Res (Amst) 13:1-11

Cucinotta FA, Cacao E, Kim MY, Saganti PB (2019) Non-targeted effects lead to a paridigm shift in risk assessment for a mission to the earth's moon or martian moon phobos. Radiat Prot Dosim 183(1-2):213-218

Dainiak N, Waselenko JK, Armitage JO, MacVittie TJ, Farese AM (2003) The hematologist and radiation casualties. Hematol Am Soc Hematol Educ Program 2003:473-496

Darby SC, McGale P, Taylor CW, Peto R (2005) Long-term mortality from heart disease and lung cancer after radiotherapy for early breast cancer: prospective cohort study of about 300, 000 women in US SEER cancer registries. Lancet Oncol 6 (8):557-565

Darby SC, Ewertz M, McGale P, Bennet AM, Blom-Goldman U, Bronnum D, Correa C, Cutter D, Gagliardi G, Gigante B, Jensen MB, Nisbet A, Peto R, Rahimi K, Taylor C, Hall P (2013) Risk of ischemic heart disease in women after radiotherapy for breast cancer. N Engl J Med 368 (11):987-998

Datta K, Suman S, Kallakury BV, Fornace AJ Jr (2012) Exposure to heavy ion radiation induces persistent oxidative stress in mouse intestine. PLoS One 7 (8):e42224

DeCarolis NA, Rivera PD, Ahn F, Amaral WZ, LeBlanc JA, Malhotra S, Shih HY, Petrik D, Melvin N, Chen BP, Eisch AJ (2014) (56)Fe particle exposure results in a long-lasting increase in a cellular index of genomic instability and transiently suppresses adult hippocampal neurogenesis in vivo. Life Sci Space Res (Amsterdam) 2:70-79

DeFazio LG, Stansel RM, Griffith JD, Chu G (2002) Synapsis of DNA ends by DNA-dependent protein kinase. EMBO J 21 (12):3192-3200

Delp MD, Charvat JM, Limoli CL, Globus RK, Ghosh P (2016) Apollo lunar astronauts show higher cardiovascular disease mortality: possible deep space radiation effects on the vascular endothelium. Sci Rep 6:29901

Denisova NA, Shukitt-Hale B, Rabin BM, Joseph JA (2002) Brain signaling and behavioral responses induced by exposure to (56) Fe-particle radiation. Radiat Res 158 (6):725-734

Deorukhkar A, Krishnan S (2010) Targeting inflammatory pathways for tumor radiosensitization. Biochem Pharmacol 80 (12):1904-1914

Desai N, Davis E, O'Neill P, Durante M, Cucinotta FA, Wu H (2005) Immunofluorescence detection of clustered gamma-H2AX foci induced by HZE-particle radiation. Radiat Res 164 (4 Pt 2):518-522

Di Leonardo A, Linke SP, Clarkin K, Wahl GM (1994) DNA damage triggers a prolonged p53-dependent G1 arrest and long-term induction of Cip1 in normal human fibroblasts. Genes Dev 8 (21):2540-2551

Dicello JF, Christian A, Cucinotta FA, Gridley DS, Kathirithamby R, Mann J, Markham AR, Moyers MF, Novak GR, Piantadosi S, Ricart-Arbona R, Simonson DM, Strandberg JD, Vazquez M, Williams JR, Zhang Y, Zhou H, Huso D (2004) In vivo mammary tumourigenesis in the Sprague-Dawley rat and microdosimetric correlates. Phys Med Biol 49 (16):3817-3830

Dickstein DL, Talty R, Bresnahan E, Varghese M, Perry B, Janssen WGM, Sowa A, Giedzinski E, Apodaca L, Baulch J, Acharya M, Parihar V, Limoli CL (2018) Alterations in synaptic density and myelination in response to exposure to high-energy charged particles. J Comp Neurol 526 (17):2845-2855

Donnelly EH, Nemhauser JB, Smith JM, Kazzi ZN, Farfan EB, Chang AS, Naeem SF (2010) Acute radiation syndrome: assessment and management. South Med J 103 (6):541-546

Dorr H, Meineke V (2011) Acute radiation syndrome caused by accidental radiation exposure—therapeutic principles. BMC Med 9:126

Drouet M, Herodin F (2010) Radiation victim management and the haematologist in the future: time to revisit therapeutic guidelines? Int J Radiat Biol 86 (8):636-648

Durante M, Cucinotta FA (2008) Heavy-ion carcinogenesis and human space exploration. Nat Rev Cancer 8 (6):465-472

Durante M, Bonassi S, George K, Cucinotta FA (2001) Risk estimation based on chromosomal aberrations induced by radiation. Radiat Res 156 (5 Pt 2):662-667

Dutta SM, Hadley MM, Peterman S, Jewell JS, Duncan VD, Britten RA (2018) Quantitative proteomic analysis of the hippocampus of rats with GCR-induced spatial memory impairment. Radiat Res 189 (2):136-145

Eccles LJ, Lomax ME, O'Neill P (2010) Hierarchy of lesion processing governs the repair, doublestrand break formation and mutability of three-lesion clustered DNA damage. Nucleic Acids Res 38 (4):1123-1134

Eriksson D, Stigbrand T (2010) Radiation-induced cell death mechanisms. Tumour Biol 31 (4): 363-372

Fei P, El-Deiry WS (2003) P53 and radiation responses. Oncogene 22 (37):5774-5783

Fliedner TM, Andrews GA, Cronkite EP, Bond VP (1964) Early and late cytologic effects of whole body irradiation on human marrow. Blood 23:471-487

Fournier C, Taucher-Scholz G (2004) Radiation induced cell cycle arrest: an overview of specific effects following high-LET exposure. Radiother Oncol 73 (Suppl 2):S119-S122

Freund A, Patil CK, Campisi J (2011) p38MAPK is a novel DNA damage response-independent regulator of the senescence-associated secretory phenotype. EMBO J 30 (8):1536-1548

Fry RJM, Storer JB (1987) External radiation carcinogenesis. Adv Radiat Biol 13:31-90. J. T. Lett, Elsevier

Fry RJ, Powers-Risius P, Alpen EL, Ainsworth EJ, Ullrich RL (1983) High-LET radiation carcinogenesis. Adv Space Res 3 (8):241-248

Fry RJ, Powers-Risius P, Alpen EL, Ainsworth EJ (1985) High-LET radiation carcinogenesis. Radiat Res Suppl 8:S188-S195

Gaugler MH, Vereycken-Holler V, Squiban C, Vandamme M, Vozenin-Brotons MC, Benderitter M (2005) Pravastatin limits endothelial activation after irradiation and decreases the resulting inflammatory and thrombotic responses. Radiat Res 163 (5):479-487

George K, Durante M, Wu H, Willingham V, Badhwar G, Cucinotta FA (2001) Chromosome aberrations in the blood lymphocytes of astronauts after space flight. Radiat Res 156 (6):731-738

George K, Durante M, Willingham V, Wu H, Yang TC, Cucinotta FA (2003) Biological effectiveness of accelerated particles for the induction of chromosome damage measured in metaphase and interphase human lymphocytes. Radiat Res 160 (4):425-435

George K, Willingham V, Cucinotta FA (2005) Stability of chromosome aberrations in the blood lymphocytes of astronauts measured after space flight by FISH chromosome painting. Radiat Res 164 (4 Pt 2):474–480

Ghosh S, Hayden MS (2008) New regulators of NF–kappaB in inflammation. Nat Rev Immunol 8 (11):837–848

Goodhead DT (1988) Spatial and temporal distribution of energy. Health Phys 55 (2):231–240

Goodhead DT, Thacker J, Cox R (1993) Weiss lecture. Effects of radiations of different qualities on cells: molecular mechanisms of damage and repair. Int J Radiat Biol 63 (5):543–556

Gourmelon P, Marquette C, Agay D, Mathieu J, Clarencon D (2005) Involvement of the cen–tral nervous system in radiation–induced multi–organ dysfunction and/or failure. BJR Suppl 27:62–68

Gridley DS, Coutrakon GB, Rizvi A, Bayeta EJ, Luo–Owen X, Makinde AY, Baqai F, Koss P, Slater JM, Pecaut MJ (2008) Low–dose photons modify liver response to simulated solar particle event protons. Radiat Res 169 (3):280–287

Guan J, Wan XS, Zhou Z, Ware J, Donahue JJ, Biaglow JE, Kennedy AR (2004) Effects of dietary supplements on space radiation–induced oxidative stress in Sprague–Dawley rats. Radiat Res 162 (5):572–579

Gudkov AV, Komarova EA (2010a) Pathologies associated with the p53 response. Cold Spring Harb Perspect Biol 2 (7):a001180

Gudkov AV, Komarova EA (2010b) Radioprotection: smart games with death. J Clin Invest 120 (7):2270–2273

Gueguen Y, Bontemps A, Ebrahimian TG (2019) Adaptive responses to low doses of radiation or chemicals: their cellular and molecular mechanisms. Cell Mol Life Sci 76 (7):1255–1273

Guida P, Vazquez ME, Otto S (2005) Cytotoxic effects of lowand high–LET radiation on human neuronal progenitor cells: induction of apoptosis and TP53 gene expression. Radiat Res 164 (4 Pt 2):545–551

Habelhah H (2010) Emerging complexity of protein ubiquitination in the NF–kappaB pathway. Genes Cancer 1 (7):735–747

Haley GE, Villasana L, Dayger C, Davis MJ, Raber J (2012) Apolipoprotein e genotype–dependent paradoxical short–term effects of (56) fe irradiation on the brain. Int J Radiat Oncol Biol Phys 84 (3):793–799

Hall EJ, Worgul BV, Smilenov L, Elliston CD, Brenner DJ (2006) The relative biological effectiveness of densely ionizing heavy-ion radiation for inducing ocular cataracts in wild type versus mice heterozygous for the ATM gene. Radiat Environ Biophys 45 (2):99-104

Hamada N (2017) Ionizing radiation sensitivity of the ocular lens and its dose rate dependence. Int J Radiat Biol 93 (10):1024-1034

Hamada N, Hara T, Funayama T, Sakashita T, Kobayashi Y (2008) Energetic heavy ions accelerate differentiation in the descendants of irradiated normal human diploid fibroblasts. Mutat Res 637 (1-2):190-196

Han ZB, Suzuki H, Suzuki F, Suzuki M, Furusawa Y, Kato T, Ikenaga M (1998) Relative biological effectiveness of accelerated heavy ions for induction of morphological transformation in Syrian hamster embryo cells. J Radiat Res 39 (3):193-201

Hartwell LH, Weinert TA (1989) Checkpoints: controls that ensure the order of cell cycle events. Science 246 (4930):629-634

Heilmann J, Taucher-Scholz G, Kraft G (1995) Induction of DNA double-strand breaks in CHOK1 cells by carbon ions. Int J Radiat Biol 68 (2):153-162

Hellweg CE (2012) Cellular response to exposure with different radiation qualities with a focus on nuclear factor κB habilitation. Freie Universität, Berlin

Hellweg CE (2015) The nuclear factor kappa B pathway: a link to the immune system in the radiation response. Cancer Lett 368 (2):275-289

Hellweg CE, Baumstark-Khan C, Schmitz C, Lau P, Meier MM, Testard I, Berger T, Reitz G (2011) Activation of the nuclear factor kappa B pathway by heavy ion beams of different linear energy transfer. Int J Radiat Biol 87 (9):954-963

Hellweg CE, Spitta LF, Henschenmacher B, Diegeler S, Baumstark-Khan C (2016) Transcription factors in the cellular response to charged particle exposure. Front Oncol 6:61

Hellweg CE, Spitta LF, Koch K, Chishti AA, Henschenmacher B, Diegeler S, Konda B, Feles S, Schmitz C, Berger T, Baumstark-Khan C (2018) The role of the nuclear factor kappab pathway in the cellular response to low and high linear energy transfer radiation. Int J Mol Sci 19 (8):2220

Hendry JH, Potten CS, Merritt A (1995) Apoptosis induced by highand low-LET radiations. Radiat Environ Biophys 34 (1):59-62

Higuchi Y, Nelson GA, Vazquez M, Laskowitz DT, Slater JM, Pearlstein RD (2002) Apolipoprotein APoE expression and behavioral toxicity of high charge, high energy (HZE) particle radiation. J Radiat Res 43 (Suppl):S219-S224

Higurashi M, Conen PE (1973) In vitro chromosomal radiosensitivity in "chromosomal breakage syndromes". Cancer 32 (2):380-383

Hirayama R, Ito A, Tomita M, Tsukada T, Yatagai F, Noguchi M, Matsumoto Y, Kase Y, Ando K, Okayasu R, Furusawa Y (2009) Contributions of direct and indirect actions in cell killing by high-LET radiations. Radiat Res 171 (2):212-218

Horneck G, Rettberg P, Baumstark-Khan C, Rink H, Kozubek S, Schafer M, Schmitz C (1996) DNA repair in microgravity: studies on bacteria and mammalian cells in the experiments REPAIR and KINETICS. J Biotechnol 47 (2-3):99-112

Horneck G, Rettberg P, Kozubek S, Baumstark-Khan C, Rink H, Schafer M, Schmitz C (1997) The influence of microgravity on repair of radiation-induced DNA damage in bacteria and human fibroblasts. Radiat Res 147 (3):376-384

Horstmann M, Durante M, Johannes C, Obe G (2005a) Chromosomal intrachanges induced by swift iron ions. Adv Space Res 35 (2):276-279

Horstmann M, Durante M, Johannes C, Pieper R, Obe G (2005b) Space radiation does not induce a significant increase of intrachromosomal exchanges in astronauts' lymphocytes. Radiat Environ Biophys 44 (3):219-224

Hoving S, Heeneman S, Gijbels MJ, Te Poele JA, Visser N, Cleutjens J, Russell NS, Daemen MJ, Stewart FA (2012) Irradiation induces different inflammatory and thrombotic responses in carotid arteries of wildtype C57BL/6J and atherosclerosis-prone ApoE (-/-) mice. Radiother Oncol 105 (3):365-370

Huang L, Snyder AR, Morgan WF (2003) Radiation-induced genomic instability and its implications for radiation carcinogenesis. Oncogene 22 (37):5848-5854

Huang WJ, Zhang X, Chen WW (2016) Role of oxidative stress in Alzheimer's disease. Biomed Rep 4 (5):519-522

Hwang A, Muschel RJ (1998) Radiation and the G2 phase of the cell cycle. Radiat Res 150 (5 Suppl):S52-S59

ICRP (1984) Protection of the public in the event of major radiation accidents—principles for planning. ICRP Publication 40. Ann. ICRP 14 (2). F. D. Sowby, International Commission on Radiological Protection

ICRP (2003) Relative biological effectiveness (RBE), quality factor (Q), and radiation weighting factor (wR). ICRP Publication 92. Ann. ICRP 33 (4). J. Valentin, International Commission on Radiological Protection

Iliakis G, Wang Y, Guan J, Wang H (2003) DNA damage checkpoint control in cells exposed to ionizing radiation. Oncogene 22 (37):5834-5847

Imaoka T, Nishimura M, Kakinuma S, Hatano Y, Ohmachi Y, Yoshinaga S, Kawano A, Maekawa A, Shimada Y (2007) High relative biologic effectiveness of carbon ion radiation on induction of rat mammary carcinoma and its lack of H-ras and Tp53 mutations. Int J Radiat Oncol Biol Phys 69 (1):194-203

Impey S, Jopson T, Pelz C, Tafessu A, Fareh F, Zuloaga D, Marzulla T, Riparip LK, Stewart B, Rosi S, Turker MS, Raber J (2016) Shortand long-term effects of (56)Fe irradiation on cognition and hippocampal DNA methylation and gene expression. BMC Genomics 17 (1):825

Jackson SP, Bartek J (2009) The DNA-damage response in human biology and disease. Nature 461 (7267):1071-1078

Jacob A, Shah KG, Wu R, Wang P (2010) Ghrelin as a novel therapy for radiation combined injury. Mol Med 16 (3-4):137-143

Jandial R, Hoshide R, Waters JD, Limoli CL (2018) Space-brain: the negative effects of space exposure on the central nervous system. Surg Neurol Int 9:9

Johannes C, Horstmann M, Durante M, Chudoba I, Obe G (2004) Chromosome intrachanges and interchanges detected by multicolor banding in lymphocytes: searching for clastogen signatures in the human genome. Radiat Res 161 (5):540-548

Joiner MC, Marples B, Lambin P, Short SC, Turesson I (2001) Low-dose hypersensitivity: current status and possible mechanisms. Int J Radiat Oncol Biol Phys 49 (2):379-389

Jones CB, Mange A, Granata L, Johnson B, Hienz RD, Davis CM (2019) Short and long-term changes in social odor recognition and plasma cytokine levels following oxygen ((16)O) ion radiation exposure. Int J Mol Sci 20 (2):339

Jose JG, Ainsworth EJ (1983) Cataract production in mice by heavy charged argon, neon, and carbon particles. Radiat Res 94 (3):513-528

Kadhim MA, Macdonald DA, Goodhead DT, Lorimore SA, Marsden SJ, Wright EG (1992) Transmission of chromosomal instability after plutonium alpha-particle irradiation. Nature 355 (6362):738-740

Kadhim MA, Hill MA, Moore SR (2006) Genomic instability and the role of radiation quality. Radiat Prot Dosim 122 (1-4):221-227

Kadhim M, Salomaa S, Wright E, Hildebrandt G, Belyakov OV, Prise KM, Little MP (2013) Nontargeted effects of ionising radiation—implications for low dose risk. Mutat Res 752 (2): 84-98

Kajioka EH, Andres ML, Li J, Mao XW, Moyers MF, Nelson GA, Slater JM, Gridley DS (2000) Acute effects of whole-body proton irradiation on the immune system of the mouse. Radiat Res 153 (5 Pt 1):587-594

Karagiannis TC, El-Osta A (2004) Double-strand breaks: signaling pathways and repair mechanisms. Cell Mol Life Sci 61 (17):2137-2147

Kass EM, Jasin M (2010) Collaboration and competition between DNA double-strand break repair pathways. FEBS Lett 584 (17):3703-3708

Kawamura K, Qi F, Kobayashi J (2018) Potential relationship between the biological effects of low-dose irradiation and mitochondrial ROS production. J Radiat Res 59 (S2):ii91-ii97

Kempf SJ, Janik D, Barjaktarovic Z, Braga-Tanaka I 3rd, Tanaka S, Neff F, Saran A, Larsen MR, Tapio S (2016) Chronic low-dose-rate ionising radiation affects the hippocampal phosphoproteome in the ApoE$^{-/-}$ Alzheimer's mouse model. Oncotarget 7 (44):71817-71832

Kiffer F, Carr H, Groves T, Anderson JE, Alexander T, Wang J, Seawright JW, Sridharan V, Carter G, Boerma M, Allen AR (2018) Effects of (1)H + (16)O charged particle irradiation on shortterm memory and hippocampal physiology in a murine model. Radiat Res 189 (1): 53-63

Khanna KK, Lavin MF, Jackson SP, Mulhern TD (2001) ATM, a central controller of cellular responses to DNA damage. Cell Death Differ 8 (11):1052-1065

Kiffer F, Alexander T, Anderson JE, Groves T, Wang J, Sridharan V, Boerma M, Allen AR (2019) Late effects of (16)O-particle radiation on female social and cognitive behavior and hippocampal physiology. Radiat Res 191 (3):278-294

Kraft G, Kraft-Weyrather W, Ritter S, Scholz M, Stanton J (1989) Cellular and subcellular effect of heavy ions: a comparison of the induction of strand breaks and chromosomal aberration with the incidence of inactivation and mutation. Adv Space Res 9 (10):59–72

Krämer M, Kraft G (1994) Calculations of heavy-ion track structure. Radiat Environ Biophys 33 (2):91–109

Krempler A, Deckbar D, Jeggo PA, Lobrich M (2007) An imperfect G2M checkpoint contributes to chromosome instability following irradiation of S and G2 phase cells. Cell Cycle 6 (14):1682–1686

Krukowski K, Grue K, Frias ES, Pietrykowski J, Jones T, Nelson G, Rosi S (2018) Female mice are protected from space radiation-induced maladaptive responses. Brain Behav Immun 74:106–120

Kusunoki Y, Hayashi T (2008) Long-lasting alterations of the immune system by ionizing radiation exposure: implications for disease development among atomic bomb survivors. Int J Radiat Biol 84 (1):1–14

Law J, Van Baalen M, Foy M, Mason SS, Mendez C, Wear ML, Meyers VE, Alexander D (2014) Relationship between carbon dioxide levels and reported headaches on the international space station. J Occup Environ Med 56 (5):477–483

Leach JK, Van Tuyle G, Lin PS, Schmidt-Ullrich R, Mikkelsen RB (2001) Ionizing radiationin-duced, mitochondria-dependent generation of reactive oxygen/nitrogen. Cancer Res 61 (10): 3894–3901

Letaw JR, Silberberg R, Tsao CH (1989) Radiation hazards on space missions outside the magnetosphere. Adv Space Res 9 (10):285–291

Lett JT, Cox AB, Keng PC, Lee AC, Su CM, Bergtold DS (1980) Late degeneration in rabbit tissues after irradiation by heavy ions. Life SciSpace Res 18:131–142

Lett JT, Lee AC, Cox AB (1991) Late cataractogenesis in rhesus monkeys irradiated with protons and radiogenic cataract in other species. Radiat Res 126 (2):147–156

Lett JT, Lee AC, Cox AB (1994) Risks of radiation cataracts from interplanetary space missions. Acta Astronaut 32 (11):739–748

Li M, You L, Xue J, Lu Y (2018) Ionizing radiation-induced cellular senescence in normal, nontransformed cells and the involved DNA damage response: a mini review. Front Pharmacol 9:522

Limoli CL, Giedzinski E, Baure J, Rola R, Fike JR (2007) Redox changes induced in hippocampal precursor cells by heavy ion irradiation. Radiat Environ Biophys 46 (2):167-172

Little MP (2016) Radiation and circulatory disease. Mutat Res-Rev Mutat 770:299-318

Little MP, Azizova TV, Bazyka D, Bouffler SD, Cardis E, Chekin S, Chumak VV, Cucinotta FA, de Vathaire F, Hall P, Harrison JD, Hildebrandt G, Ivanov V, Kashcheev VV, Klymenko SV, Kreuzer M, Laurent O, Ozasa K, Schneider T, Tapio S, Taylor AM, Tzoulaki I, Vandoolaeghe WL, Wakeford R, Zablotska LB, Zhang W, Lipshultz SE (2012) Systematic review and meta-analysis of circulatory disease from exposure to low-level ionizing radiation and estimates of potential population mortality risks. Environ Health Perspect 120 (11):1503-1511

Löbrich M, Jeggo PA (2007) The impact of a negligent G2/M checkpoint on genomic instability and cancer induction. Nat Rev Cancer 7 (11):861-869

Lu C Y, Ma Y C, Lin J M, Chuang C Y, Sung F C (2007) Oxidative DNA damage estimated by urinary 8-hydroxydeoxyguanosine and indoor air pollution among non-smoking office employees. Environ Res 103 (3):331-337

Lu T, Zhang Y, Kidane Y, Feiveson A, Stodieck L, Karouia F, Ramesh G, Rohde L, Wu H (2017) Cellular responses and gene expression profile changes due to bleomycin-induced DNA damage in human fibroblasts in space. PLoS One 12 (3):e0170358

Machida M, Lonart G, Britten RA (2010) Low (60 cGy) doses of (56)Fe HZE-particle radiation lead to a persistent reduction in the glutamatergic readily releasable pool in rat hippocampal synaptosomes. Radiat Res 174 (5):618-623

Makale MT, King GL (1993) Plasticity of autonomic control of emesis in irradiated ferrets. AmJPhysiol 265 (5 Pt 2):R1092-R1099

Manti L (2006) Does reduced gravity alter cellular response to ionizing radiation? Radiat Environ Biophys 45 (1):1-8

Marin A, Martin M, Linan O, Alvarenga F, Lopez M, Fernandez L, Buchser D, Cerezo L (2015) Bystander effects and radiotherapy. Rep Pract Oncol Radiother 20 (1):12-21

Marquette C, Linard C, Galonnier M, Van Uye A, Mathieu J, Gourmelon P, Clarençon D (2003) IL-1β, TNFα and IL-6 induction in the rat brain after partial-body irradiation: role of vagal afferents. Int J Radiat Biol 79 (10):777-785

Marty VN, Vlkolinsky R, Minassian N, Cohen T, Nelson GA, Spigelman I (2014) Radiationinduced alterations in synaptic neurotransmission of dentate granule cells depend on the dose and species of charged particles. Radiat Res 182 (6):653-665

Maxwell CA, Fleisch MC, Costes SV, Erickson AC, Boissiere A, Gupta R, Ravani SA, Parvin B, Barcellos-Hoff MH (2008) Targeted and nontargeted effects of ionizing radiation that impact genomic instability. Cancer Res 68 (20):8304-8311

McDonald JT, Kim K, Norris AJ, Vlashi E, Phillips TM, Lagadec C, Della Donna L, Ratikan J, Szelag H, Hlatky L, McBride WH (2010) Ionizing radiation activates the Nrf2 antioxidant response. Cancer Res 70 (21):8886-8895

McGale P, Darby SC, Hall P, Adolfsson J, Bengtsson NO, Bennet AM, Fornander T, Gigante B, Jensen MB, Peto R, Rahimi K, Taylor CW, Ewertz M (2011) Incidence of heart disease in 35,000 women treated with radiotherapy for breast cancer in Denmark and Sweden. Radiother Oncol 100 (2):167-175

Meir KS, Leitersdorf E (2004) Atherosclerosis in the apolipoprotein-E-deficient mouse: a decade of progress. Arterioscler Thromb Vasc Biol 24 (6):1006-1014

Merriam GR Jr, Worgul BV, Medvedovsky C, Zaider M, Rossi HH (1984) Accelerated heavy particles and the lens. Ⅰ. Cataractogenic potential. Radiat Res 98 (1):129-140

Miller RC, Marino SA, Brenner DJ, Martin SG, Richards M, Randers-Pehrson G, Hall EJ (1995) The biological effectiveness of radon-progeny alpha particles. Ⅱ. Oncogenic transformation as a function of linear energy transfer. Radiat Res 142 (1):54-60

Milstead L, Fogarty J, Paloski W (2019) Human research program integrated research plan. National Aeronautics and Space Administration, Houston, TX HRP 47065: 54

Mimitou EP, Symington LS (2009) DNA end resection: many nucleases make light work. DNA Repair (Amst) 8 (9):983-995

Moreno-Villanueva M, Wong M, Lu T, Zhang Y, Wu H (2017) Interplay of space radiation and microgravity in DNA damage and DNA damage response. NPJ Microgravity 3:14

Morgan WF (2003) Non-targeted and delayed effects of exposure to ionizing radiation: Ⅰ. radiationinduced genomic instability and bystander effects in vitro. Radiat Res 159 (5):567-580

Mothersill C, Seymour CB (2004) Radiation-induced bystander effects—implications for cancer. Nat Rev Cancer 4 (2):158-164

Muller WU, Nusse M, Miller BM, Slavotinek A, Viaggi S, Streffer C (1996) Micronuclei: a biological indicator of radiation damage. Mutat Res 366 (2):163–169

Murray D, Mirzayans R, McBride WH (2018) Defenses against pro–oxidant forces—maintenance of cellular and genomic integrity and longevity. Radiat Res 190 (4):331–349

Nakanishi M, Niida H, Murakami H, Shimada M (2009) DNA damage responses in skin biology—implications in tumor prevention and aging acceleration. J Dermatol Sci 56 (2):76–81

NCRP (1990) NCRP report no. 104—the relative biological effectiveness of radiations of different quality. NCRP, Bethesda, MD, p 98

NCRP (2000) NCRP Report No. 132: Radiation Protection Guidance for Activities in Low–Earth Orbit. NCRP, Bethesda, MD

NCRP (2006) NCRP Report No. 153: Information Needed to Make Radiation Protection Recommendations for Space Missions Beyond Low–Earth Orbit. NCRP, Bethesda, MD, pp 1–427

O'Driscoll M, Jeggo PA (2006) The role of double–strand break repair—insights from human genetics. Nat Rev Genet 7 (1):45–54

Obe G, Johannes I, Johannes C, Hallman K, Reitz G, Facius R (1997) Chromosomal aberrations in blood lymphocytes of astronauts after long–term space flights. Int J Radiat Biol 72 (6):727–734

Obe G, Facius R, Reitz G, Johannes I, Johannes C (1999) Manned missions to mars and chromosome damage. Int J Radiat Biol 75 (4):429–433

Obe G, Pfeiffer P, Savage JR, Johannes C, Goedecke W, Jeppesen P, Natarajan AT, Martinez–Lopez W, Folle GA, Drets ME (2002) Chromosomal aberrations: formation, identification and distribution. Mutat Res 504 (1–2):17–36

Parihar VK, Allen BD, Caressi C, Kwok S, Chu E, Tran KK, Chmielewski NN, Giedzinski E, Acharya MM, Britten RA, Baulch JE, Limoli CL (2016) Cosmic radiation exposure and persistent cognitive dysfunction. Sci Rep 6:34774

Parihar VK, Maroso M, Syage A, Allen BD, Angulo MC, Soltesz I, Limoli CL (2018) Persistent nature of alterations in cognition and neuronal circuit excitability after exposure to simulated cosmic radiation in mice. Exp Neurol 305:44–55

Park CC, Henshall–Powell RL, Erickson AC, Talhouk R, Parvin B, Bissell MJ, Barcellos–Hoff MH (2003) Ionizing radiation induces heritable disruption of epithelial cell interactions. Proc Natl Acad Sci USA 100 (19):10728–10733

Patel Z, Huff J, Saha J, Wang M, Blattnig S, Wu H (2016) Risk of cardiovascular disease and other degenerative tissue effects from radiation exposure. NASA Human Research Program. Available from: https://humanresearchroadmap.nasa.gov/Risks/risk.aspx? i=98

Pawlik TM, Keyomarsi K (2004) Role of cell cycle in mediating sensitivity to radiotherapy. Int J Radiat Oncol Biol Phys 59 (4):928-942

Phillips ER, McKinnon PJ (2007) DNA double-strand break repair and development. Oncogene 26 (56):7799-7808

Pierce DA, Preston DL (2000) Radiation-related cancer risks at low doses among atomic bomb survivors. Radiat Res 154 (2):178-186

Pierce DA, Shimizu Y, Preston DL, Vaeth M, Mabuchi K (1996) Studies of the mortality of atomic bomb survivors. Report 12, part I. Cancer: 1950-1990. Radiat Res 146 (1):1-27

Pierce DA, Shimizu Y, Preston DL, Vaeth M, Mabuchi K (2012) Studies of the mortality of atomic bomb survivors. Report 12, part I. Cancer: 1950-1990. Radiat Res 178 (2):Av61-87

Ponomarev AL, Cucinotta FA (2006) Chromatin loops are responsible for higher counts of small DNA fragments induced by high-LET radiation, while chromosomal domains do not affect the fragment sizes. Int J Radiat Biol 82 (4):293-305

Preston DL, Ron E, Tokuoka S, Funamoto S, Nishi N, Soda M, Mabuchi K, Kodama K (2007) Solid cancer incidence in atomic bomb survivors: 1958-1998. Radiat Res 168 (1):1-64

Prise KM (2006) New advances in radiation biology. Occup Med (Lond) 56 (3):156-161

Prise KM, Folkard M, Michael BD (2006) Radiation-induced bystander and adaptive responses in cell and tissue models. Dose Response 4 (4):263-276

Purgason A, Zhang Y, Hamilton SR, Gridley DS, Sodipe A, Jejelowo O, Ramesh GT, Moreno-Villanueva M, Wu H (2018) Apoptosis and expression of apoptosis-related genes in mouse intestinal tissue after whole-body proton exposure. Mol Cell Biochem 442 (1-2):155-168

Qin S, Schulte BA, Wang GY (2018) Role of senescence induction in cancer treatment. World J Clin Oncol 9 (8):180-187

Raber J, Allen AR, Rosi S, Sharma S, Dayger C, Davis MJ, Fike JR (2013) Effects of whole body (56)Fe radiation on contextual freezing and arc-positive cells in the dentate gyrus. Behav Brain Res 246:162-167

Raber J, Rudobeck E, Campbell-Beachler M, Allen AR, Allen B, Rosi S, Nelson GA, Ramachandran S, Turner J, Fike JR, Vlkolinsky R (2014) (28)silicon radiation-induced enhancement of synaptic plasticity in the hippocampus of naive and cognitively tested mice. Radiat Res 181 (4):362-368

Radford IR, Murphy TK, Radley JM, Ellis SL (1994) Radiation response of mouse lymphoid and myeloid cell lines. Part Ⅱ. Apoptotic death is shown by all lines examined. Int J Radiat Biol 65 (2):217-227

Ramadan SS, Sridharan V, Koturbash I, Miousse IR, Hauer-Jensen M, Nelson GA, Boerma M (2016) A priming dose of protons alters the early cardiac cellular and molecular response to (56)Fe irradiation. Life Sci Space Res 8:8-13

Rastegar N, Eckart P, Mertz M (2002) Radiation-induced cataract in astronauts and cosmonauts. Graefes Arch Clin Exp Ophthalmol 240 (7):543-547

Reitz G, Hellweg CE (2018) Chapter 14: space radiation and its biological effects. In: Bolton PR, Parodi K, Schreiber J (eds) Applications of laser-driven particle acceleration. Taylor and Francis, an imprint of CRC Press, Boca Raton, FL, pp 217-237

Reynolds RJ, Day SM (2017) Mortality due to cardiovascular disease among apollo lunar astronauts. Aerosp Med Hum Perform 88 (5):492-496

Rivera PD, Shih HY, Leblanc JA, Cole MG, Amaral WZ, Mukherjee S, Zhang S, Lucero MJ, Decarolis NA, Chen BP, Eisch AJ (2013) Acute and fractionated exposure to high-LET (56) Fe HZE-particle radiation both result in similar long-term deficits in adult hippocampal neurogenesis. Radiat Res 180 (6):658-667

Rodemann HP, Peterson HP, Schwenke K, von Wangenheim KH (1991) Terminal differentiation of human fibroblasts is induced by radiation. Scanning Microsc 5 (4):1135-1142. discussion 1142-1133

Rodier F, Campisi J (2011) Four faces of cellular senescence. J Cell Biol 192 (4):547-556

Rogakou EP, Pilch DR, Orr AH, Ivanova VS, Bonner WM (1998) DNA double-stranded breaks induce histone H2AX phosphorylation on serine 139. J Biol Chem 273 (10):5858-5868

Rogakou EP, Boon C, Redon C, Bonner WM (1999) Megabase chromatin domains involved in DNA double-strand breaks in vivo. J Cell Biol 146 (5):905-916

Rola R, Sarkissian V, Obenaus A, Nelson GA, Otsuka S, Limoli CL, Fike JR (2005) High-LET radiation induces inflammation and persistent changes in markers of hippocampal neurogenesis.

Radiat Res 164 (4 Pt 2):556-560

Rothkamm K, Löbrich M (2003) Evidence for a lack of DNA double-strand break repair in human cells exposed to very low x-ray doses. Proc Natl Acad Sci USA 100 (9):5057-5062

Rydberg B (1996) Clusters of DNA damage induced by ionizing radiation: formation of short DNA fragments. Ⅱ. Experimental detection. Radiat Res 145 (2):200-209

Sabatier L, Dutrillaux B, Martin MB (1992) Chromosomal instability. Nature 357 (6379):548

Schöllnberger H, Stewart RD, Mitchel RE, Hofmann W (2004) An examination of radiation hormesis mechanisms using a multistage carcinogenesis model. Nonlinearity Biol Toxicol Med 2 (4):317-352

Scholz M, Kraft-Weyrather W, Ritter S, Kraft G (1994) Cell cycle delays induced by heavy ion irradiation of synchronous mammalian cells. Int J Radiat Biol 66 (1):59-75

Shikazono N, O'Neill P (2009) Biological consequences of potential repair intermediates of clustered base damage site in Escherichia coli. Mutat Res 669 (1-2):162-168

Shiloh Y (2003) ATM and related protein kinases: safeguarding genome integrity. Nat Rev Cancer 3 (3):155-168

Shimizu Y, Kodama K, Nishi N, Kasagi F, Suyama A, Soda M, Grant EJ, Sugiyama H, Sakata R, Moriwaki H, Hayashi M, Konda M, Shore RE (2010) Radiation exposure and circulatory disease risk: Hiroshima and Nagasaki atomic bomb survivor data, 1950—2003. BMJ 340:b5349

Shukitt-Hale B, Casadesus G, McEwen JJ, Rabin BM, Joseph JA (2000) Spatial learning and memory deficits induced by exposure to iron-56-particle radiation. Radiat Res 154 (1):28-33

Shukitt-Hale B, Casadesus G, Cantuti-Castelvetri Ⅰ, Rabin BM, Joseph JA (2003) Cognitive deficits induced by 56Fe radiation exposure. Adv Space Res 31 (1):119-126

Shukitt-Hale B, Carey AN, Jenkins D, Rabin BM, Joseph JA (2007) Beneficial effects of fruit extracts on neuronal function and behavior in a rodent model of accelerated aging. Neurobiol Aging 28 (8):1187-1194

Sieber OM, Heinimann K, Tomlinson IP (2003) Genomic instability—the engine of tumorigenesis? Nat Rev Cancer 3 (9):701-708

Silasi G, Diaz-Heijtz R, Besplug J, Rodriguez-Juarez R, Titov V, Kolb B, Kovalchuk O (2004) Selective brain responses to acute and chronic low-dose X-ray irradiation in males and females. Biochem Biophys Res Commun 325 (4):1223-1235

Singer M, De Santis V, Vitale D, Jeffcoate W (2004) Multiorgan failure is an adaptive, endocrine-mediated, metabolic response to overwhelming systemic inflammation. Lancet 364 (9433):545-548

Smits R, Kartheuser A, Jagmohan-Changur S, Leblanc V, Breukel C, de Vries A, van Kranen H, van Krieken JH, Williamson S, Edelmann W, Kucherlapati R, KhanPm, Fodde R (1997) Loss of Apc and the entire chromosome 18 but absence of mutations at the Ras and Tp53 genes in intestinal tumors from Apc1638N, a mouse model for Apc-driven carcinogenesis. Carcinogenesis 18 (2):321-327

Snyder AR, Morgan WF (2004) Gene expression profiling after irradiation: clues to understanding acute and persistent responses? Cancer Metastasis Rev 23 (3-4):259-268

Sokolov MV, Dickey JS, Bonner WM, Sedelnikova OA (2007) Gamma-H2AX in bystander cells: not just a radiation-triggered event, a cellular response to stress mediated by intercellular communication. Cell Cycle 6 (18):2210-2212

Soucy KG, Lim HK, Kim JH, Oh Y, Attarzadeh DO, Sevinc B, Kuo MM, Shoukas AA, Vazquez ME, Berkowitz DE (2011) HZE (5) (6)Fe-ion irradiation induces endothelial dysfunction in rat aorta: role of xanthine oxidase. Radiat Res 176 (4):474-485

Sridharan DM, Asaithamby A, Blattnig SR, Costes SV, Doetsch PW, Dynan WS, Hahnfeldt P, Hlatky L, Kidane Y, Kronenberg A, Naidu MD, Peterson LE, Plante Ⅰ, Ponomarev AL, Saha J, Snijders AM, Srinivasan K, Tang J, Werner E, Pluth JM (2016) Evaluating biomarkers to model cancer risk post cosmic ray exposure. Life Sci Space Res (Amst) 9:19-47

Stenerlow B, Hoglund E, Carlsson J, Blomquist E (2000) Rejoining of DNA fragments produced by radiations of different linear energy transfer. Int J Radiat Biol 76 (4):549-557

Stoll U, Schmidt A, Schneider E, Kiefer J (1995) Killing and mutation of Chinese hamster V79 cells exposed to accelerated oxygen and neon ions. Radiat Res 142 (3):288-294

Stoll U, Barth B, Scheerer N, Schneider E, Kiefer J (1996) HPRT mutations in V79 Chinese hamster cells induced by accelerated Ni, au and Pb ions. Int J Radiat Biol 70 (1):15-22

Suzuki M, Watanabe M, Suzuki K, Nakano K, Kaneko Ⅰ (1989) Neoplastic cell transformation by heavy ions. Radiat Res 120 (3):468-476

Suzuki M, Tsuruoka C, Kanai T, Kato T, Yatagai F, Watanabe M (2003) Qualitative and quantitative difference in mutation induction between carbonand neon-ion beams in normal human cells. Biol Sci Space 17 (4):302-306

Sweet TB, Hurley SD, Wu MD, Olschowka JA, Williams JP, O'Banion MK (2016) Neurogenic effects of low-dose whole-body HZE (Fe) ion and gamma irradiation. Radiat Res 186 (6):614-623

Sylvester CB, Abe JI, Patel ZS, Grande-Allen KJ (2018) Radiation-induced cardiovascular disease: mechanisms and importance of linear energy transfer. Front Cardiovasc Med 5:5

Tang FR, Loke WK (2015) Molecular mechanisms of low dose ionizing radiation-induced hormesis, adaptive responses, radioresistance, bystander effects, and genomic instability. Int J Radiat Biol 91 (1):13-27

Tapio S, Jacob V (2007) Radioadaptive response revisited. Radiat Environ Biophys 46 (1):1-12

Tenkorang MA, Snyder B, Cunningham RL (2018) Sex-related differences in oxidative stress and neurodegeneration. Steroids 133:21-27

Thacker J, Stretch A, Stephens MA (1979) Mutation and inactivation of cultured mammalian cells exposed to beams of accelerated heavy ions. Ⅱ. Chinese hamster V79 cells. Int J Radiat Biol Relat Stud Phys Chem Med 36 (2):137-148

Tofilon PJ, Fike JR (2000) The radioresponse of the central nervous system: a dynamic process. Radiat Res 153 (4):357-370

Tornaletti S (2009) DNA repair in mammalian cells: transcription-coupled DNA repair: directing your effort where it's most needed. Cell Mol Life Sci 66 (6):1010-1020

Tseng BP, Lan ML, Tran KK, Acharya MM, Giedzinski E, Limoli CL (2013) Characterizing low dose and dose rate effects in rodent and human neural stem cells exposed to proton and gamma irradiation. Redox Biol 1 (1):153-162

Tseng BP, Giedzinski E, Izadi A, Suarez T, Lan ML, Tran KK, Acharya MM, Nelson GA, Raber J, Parihar VK, Limoli CL (2014) Functional consequences of radiation-induced oxidative stress in cultured neural stem cells and the brain exposed to charged particle irradiation. Antioxid Redox Signal 20 (9):1410-1422

Van der Burg M, van Dongen JJ, van Gent DC (2009) DNA-PKcs deficiency in human: long predicted, finally found. Curr Opin Allergy Clin Immunol 9 (6):503-509

Van der Meeren A, Monti P, Vandamme M, Squiban C, Wysocki J, Griffiths N (2005) Abdominal radiation exposure elicits inflammatory responses and abscopal effects in the lungs of mice. Radiat

Res 163 (2):144-152

Villasana L, Acevedo S, Poage C, Raber J (2006) Sexand APOE isoform-dependent effects of radiation on cognitive function. Radiat Res 166 (6):883-891

Villasana L, Rosenberg J, Raber J (2010) Sex-dependent effects of 56Fe irradiation on contextual fear conditioning in C57BL/6J mice. Hippocampus 20 (1):19-23

Villasana LE, Benice TS, Raber J (2011) Long-term effects of 56Fe irradiation on spatial memory of mice: role of sex and apolipoprotein E isoform. Int J Radiat Oncol Biol Phys 80 (2):567-573

Villasana LE, Rosenthal RA, Doctrow SR, Pfankuch T, Zuloaga DG, Garfinkel AM, Raber J (2013) Effects of alpha-lipoic acid on associative and spatial memory of sham-irradiated and 56Fe-irradiated C57BL/6J male mice. Pharmacol Biochem Behav 103 (3):487-493

Villasana LE, Weber S, Akinyeke T, Raber J (2016) Genotype differences in anxiety and fear learning and memory of WT and ApoE4 mice associated with enhanced generation of hippocampal reactive oxygen species. J Neurochem 138 (6):896-908

Vlkolinsky R, Titova E, Krucker T, Chi BB, Staufenbiel M, Nelson GA, Obenaus A (2010) Exposure to 56Fe-particle radiation accelerates electrophysiological alterations in the hippocampus of APP23 transgenic mice. Radiat Res 173 (3):342-352

Wang JYJ, Cho SK (2004) Coordination of repair, checkpoint, and cell death responses to DNA damage. Adv Protein Chem 69:101-135

Ward JF (1994) The complexity of DNA damage: relevance to biological consequences. Int J Radiat Biol 66 (5):427-432

Werner E, Wang H, Doetsch PW (2014) Opposite roles for p38MAPK-driven responses and reactive oxygen species in the persistence and resolution of radiation-induced genomic instability. PLoS One 9 (10):e108234

Whalen MK, Gurai SK, Zahed-Kargaran H, Pluth JM (2008) Specific ATM-mediated phosphorylation dependent on radiation quality. Radiat Res 170 (3):353-364

White CR, Yu T, Gupta K, Babitz SK, Black LL, Kabarowski JH, Kucik DF (2015) Early changes in vascular reactivity in response to 56Fe irradiation in ApoE-/- mice. Acta Astronaut 108: 40-45

Whoolery CW, Walker AK, Richardson DR, Lucero MJ, Reynolds RP, Beddow DH, Clark KL, Shih HY, LeBlanc JA, Cole MG, Amaral WZ, Mukherjee S, Zhang S, Ahn F, Bulin SE, De-

Carolis NA, Rivera PD, Chen BPC, Yun S, Eisch AJ (2017) Whole-body exposure to (28) Si-radiation dose-dependently disrupts dentate gyrus neurogenesis and proliferation in the short term and new neuron survival and contextual fear conditioning in the long term. Radiat Res 188 (5): 532-551

Williams R (2015) NASA space flight human-system standard volume 1, revision A: crew health. NASA Technical Standards. National Aeronautics and Space Administration, Washington, DC. 1: 83

Wilson GD (2004) Radiation and the cell cycle, revisited. Cancer Metastasis Rev 23 (3-4):209-225

Worgul BV, Merriam GR Jr, Medvedovsky C, Brenner DJ (1989) Accelerated heavy particles and the lens. Ⅲ. Cataract enhancement by dose fractionation. Radiat Res 118 (1):93-100

Worgul BV, Kundiev Y, Chumak VV, Ruban A, Parkhomenko G, Vitte P, Sergienko NM, Shore R, Likhtarev IA, Medvedovsky C, Junk AK (1999) The Ukranian/American Chernobyl ocular study. Ocular radiation risk assessment in populations exposed to environmental radiation contamination. A. K. Junk, Y. Kundiev, P. Vitte and B. V. Worgul. Dordrecht / Boston / London, Kluwer academic publishers. 2. Environment 50:1-12

Worgul BV, Brenner DJ, Medvedovsky C, Merriam GR Jr, Huang Y (1993) Accelerated heavy particles and the lens. Ⅶ: the cataractogenic potential of 450 MeV/amu iron ions. Invest Ophthalmol Vis Sci 34 (1):184-193

Wu ZH, Miyamoto S (2007) Many faces of NF-kappaB signaling induced by genotoxic stress. J Mol Med (Berl) 85 (11):1187-1202

Wu B, Medvedovsky C, Worgul BV (1994) Non-subjective cataract analysis and its application in space radiation risk assessment. Adv Space Res 14 (10):493-500

Wu H, Durante M, George K, Yang TC (1997) Induction of chromosome aberrations in human cells by charged particles. Radiat Res 148 (5 Suppl):S102-S107

Wyman C, Kanaar R (2006) DNA double-strand break repair: all's well that ends well. Annu Rev Genet 40:363-383

Wyrobek AJ, Britten RA (2016) Individual variations in dose response for spatial memory learning among outbred wistar rats exposed from 5 to 20 cGy of (56) Fe particles. Environ Mol Mutagen 57 (5):331-340

Yang VC, Ainsworth EJ (1987) A histological study on the cataractogenic effects of heavy charged particles. Proc Natl Sci Counc Repub China B 11 (1):18-28

Yatagai F (2004) Mutations induced by heavy charged particles. Biol Sci Space 18 (4):224-234

Yeiser LA, Villasana LE, Raber J (2013) ApoE isoform modulates effects of cranial (5) (6) Fe irradiation on spatial learning and memory in the water maze. Behav Brain Res 237:207-214

Yu T, Parks BW, Yu S, Srivastava R, Gupta K, Wu X, Khaled S, Chang PY, Kabarowski JH, Kucik DF (2011) Iron-ion radiation accelerates atherosclerosis in apolipoprotein E-deficient mice. Radiat Res 175 (6):766-773

第4章 辐射风险评估

摘　要:对与空间辐射暴露相关的风险进行评估,需要确定空间任务期间预期的辐射暴露情况,了解与这种暴露相关的风险,以及所有可纳入专用辐射风险模型的修正因素。为了确定辐射暴露,需要考虑辐射场及其在太阳周期中的变化,以及它与物质的相互作用和在人体中的放射剂量分布。疾病风险评估最初来自对受辐射影响的人群进行的大型流行病学研究,主要是日本原子弹爆炸后的幸存者。从高剂量率到低剂量率暴露,从低线性能量转移(LET)到高线性能量转移辐射,以及从日本人到其他人群的外推,都需要使用外推因子。因此,对癌症风险和可接受的空间辐射暴露的预测受到许多不确定性的影响,包括空间辐射(特别是重离子)的相对生物学效应(RBE)、剂量率效应,与微重力的相互作用以及其他航天环境因素等。

关键词:银河宇宙辐射,太阳粒子事件,生物加权因子,NASA 空间癌症风险模型,超额相对风险(ERR),剂量和剂量率降低效率因子,辐射引起的死亡风险,可接受的风险水平

4.1　辐射暴露

为了评估在空间辐射暴露后罹患一种疾病甚至死于这种疾病的风险,有必

要对物理、生物和流行病学数据进行复杂的评估,并根据各种假设建立一个模型。

首先,必须确定宇航员接触到的剂量。因此,必须计算辐射场的组成及其与宇宙飞船或船体栖息地的相互作用。使用银河宇宙辐射(GCR)环境模型和"描述航天器和组织屏蔽中原子和核相互作用引起 GCR 改变的粒子传输代码"进行计算(National Research Council,2012;Cucinotta 等,2013a)。

在近地轨道(LEO)上,例如在国际空间站(ISS)上被捕获的质子贡献了累积辐射剂量。在大约 11 年的太阳周期中,太阳活动的变化必须予以考虑,因为它会强烈影响银河宇宙射线的通量,在太阳活动极大值和极小值之间,当太阳周期调节的 GCR 最弱时,两者之间相差可达 3 倍,导致器官暴露受到的 GCR 发生约 2 倍的变化,因此在太阳活动极大期风险比太阳活动极小期风险降低 50%(2006 年 NCRP;Cucinotta 等,2013a)。另外,对偶尔发生的太阳粒子事件(SPE)的分析是必要的。在行星表面,大气可以降低辐射剂量率,同时仍须考虑粒子的积累。在 NASA 模型中,银河宇宙辐射描述参数为 Z^{*2}/β^2(描述粒子轨道的电离密度),其中 Z^* 是粒子的有效电荷数,其相对于光速的速度为 β。

宇宙飞船或栖息地的屏蔽材料组成、密度和厚度,影响辐射场的改变,以及二次级粒子累积的强度。对于 GCR 来说,火星表面的高能粒子的损失和通过原子核相互作用产生的新离子之间有望达到接近平衡(Cucinotta 等,2013a)。

接下来与人体的相互影响就开始发挥作用。由空间辐射粒子通过人体的传播所产生的器官剂量或组织平均吸收剂量,必须用相应的组织权重和质量因子进行加权。

4.2 疾病风险

对于不同的疾病,如癌症和心血管疾病,暴露于低线性能量转移辐射的疾病风险源于人类辐射暴露的流行病学数据(如日本的原子弹爆炸,职业暴露)。为了推断出人类暴露于从低线性能量转移辐射到高线性能量转移辐射的风险,可使用各类生物加权因子(见 3.3 节)。此外,对于日本的数据,还需要对宇航员进行人种的外推(美国、欧洲或其他)(Durante 和 Cucinotta,2008)。在乘法转移模型①中假设了辐射风险与自发性癌症风险成正比，而在加法转移模型②中假定辐射的独立作用（Cucinotta 等，2005）。国家辐射保护和测量委员会建议混合以上两个模型，针对日本人和美国人同时建立乘法风险模型和加法风险模型来对癌症风险转移进行评估（NCRP，2000；Cucinotta 等，2005）。

疾病风险可被许多因素改变，如性别、辐射暴露时的年龄、辐射暴露后所经过的时间和所达到的年龄。这些因素改变风险的程度还取决于癌症的类型。此外，与其他致癌的风险因素的相互作用也会影响与辐射相关的额外风险，如吸烟、超重或过度饮酒。目前尚不清楚个体对辐射的敏感性是否或在多大程度上改变了疾病的风险。

NASA 空间癌症风险（NSCR）模型估计了人类空间任务的癌症风险和不确定性（Cucinotta 等，2013a）。致命的癌症风险是银河宇宙辐射暴露引起的显著风险（National Research Council，1996，2012；Cucinotta 等，2013a）。在 NASA 模型中，高能重粒子引起的白血病和实体癌风险的剂量当量是用质量因子（见 2.2.1 节和 3.3 节）计算的。不吸烟的人群作为宇航员进行模拟实验（Cucinotta 等，2013a）。Q 是基于由加速离子或不同 LET 诱导肿瘤的各种实验来确定 RBE（ICRP，2003），包括通过 Fe 粒子在小鼠中诱导哈德氏腺肿瘤的 RBE，其总计为 30，以及小鼠中肝肿瘤的 RBE，其超过 50（Cucinotta 等，2013a）。2016 年，Chang 等通过硅和钛离子的低剂量暴露对以上这些数据进行了补充。而其他组织中癌症的 RBE 数据很少（表 3.1）。NASA 的空间辐射品质因子（QF）基于轨道结构概念，考虑每个核子的粒子动能和电荷数，而不是线性能量转移（National Research Council，2012；Cucinotta 等，2013a，2019；NCRP，2014；Cucinotta，2014，2015）。2017 年，Cucinotta 和 Cacao 等在辐射暴露对于肿瘤普遍性影响建模中，加入了非靶向效应及其非线性剂量-反应关系（见 3.2 节），导致预测的风险比靶向效应模型高出 2 倍。

① 在乘法转移模型中，协变量对癌症的影响是通过乘以一个基线风险率来作用的。

② 在加法模型中，协变量以加法的方式作用于基线风险率。

最近,一种评估急性或持续受辐射的人类中放射性白血病的超额相对风险(ERR)[①]的动态模型应用于星际任务中宇航员的超额相对风险估计,该模型还考虑了粒细胞和淋巴细胞增殖,并可应用于高太阳粒子事件暴露紧急情况的辐射风险评估(Smirnova 和 Cucinotta,2018)。

为了确定非癌症风险的剂量当量,基于国际辐射防护委员会 1990 年的确定性效应 RBE 模型使用了循环系统疾病的 RBE 模型。这些因素尚未定义为中枢神经系统的退行性改变。

4.3 外推因素

根据构成因素的数据,如 Q、QF 或 RBE(见 3.3 节),即不管它们是否来自急性或慢性辐射暴露,从急性高剂量和高剂量率照射外推至低剂量和低剂量率照射时都有必要进行修正。这是通过剂量和剂量率降低效率因子(DDREF)来实现的。这里还必须考虑在轨道半暗带中具有低电离密度部分和在轨道中心部分具有高电离密度部分的轨道结构(3.2.1 节),因此,只有对于低电离密度部分,才会出现剂量率效应(Cucinotta 等,2019)。根据电离辐射生物学效应第 7 号报告(National Research Council,2006)和美国国家研究委员会(NRC)向美国国家航空航天局提出的建议(National Research Council,2012),1.5 的系数被用来预测癌症风险(Cucinotta 等,2013a)。

但是研究发现,在相应的重离子剂量和剂量率下,DDREF 不适用于心血管和中枢神经系统疾病的风险(NCRP 2006;Cucinotta 等,2013a)。

4.4 风险的不确定性和可接受性

图 4.1 总结了辐射引起的死亡风险的各种输入因素。Q 或 QF 的值(在 NSCR 模型中)对于辐射暴露诱发死亡的不确定性有很大影响(National Research Council,2012)。

---

① 超额相对风险是指在没有暴露(背景)的情况下,风险相对于绝对风险的比例增加。不同人群的背景癌症风险可能不同,如日本人和美国人。

在空间飞行中,必须将辐射与其他空间飞行环境因素之间可能存在的相互作用视为是致癌过程中可能具有叠加甚至协同作用的因素。这些因素包括导致体液转移肌肉和骨骼退化的微重力、加速力、振动、噪声、压力,以及宇航员所生活的封闭环境(如二氧化碳水平升高,或处于压力降低和氧气含量升高的探测环境中),还有可能导致生物节律改变的一个外界变化决定的时间轴。

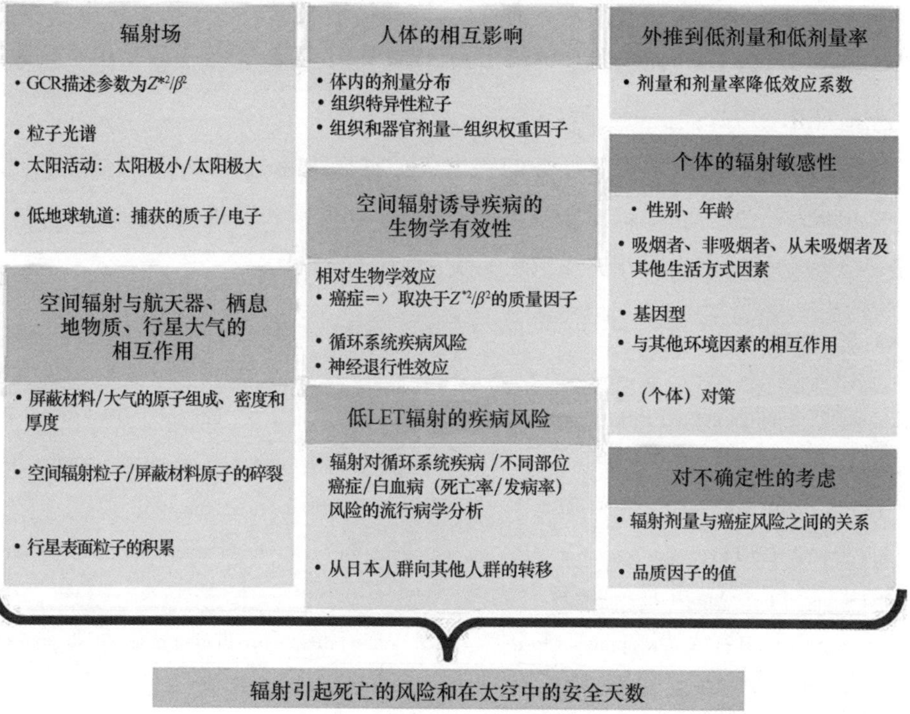

图 4.1 宇航员在近地及以外的轨道执行太空任务期间的空间辐射暴露的风险评估

注:该图是基于 NSCR 模型及一个专家组进行的评估(National Research Council,2012)。根据 Cucinotta 等人(2013b)的研究,"人口统计学明确太阳系内深空飞行的最低安全日定义为在最大天数的 95%置信区间内,低于 NASA 对不同年龄的辐射暴露男性和女性 REID 限制的 3%。" Z^* 是粒子的有效电荷数,β 是粒子相对于光速的速度。

据航空航天安全咨询小组称,载人航天任务的设计应将任务期间机组人员损失(LOC)的风险控制在 1/270 以下,长期目标是达到 1/750(Dycr,2011)。辐射风险加剧了空间飞行任务的总体风险(Cucinotta 等,2013a)。美国国家航空航天局对宇航员太空辐射暴露的限制设定为 3%的暴露诱发死亡风险,且风险估计必须在置信区间(CI)上限的 95%进行判断(NASA,2007;Durante 和

Cucinotta,2008;Cucinotta 等,2013a)。

美国国家航空航天局采用的辐射暴露引起死亡风险的限值 3% 是根据 20 世纪 80 年代从不安全行业中与工作场所相关的工人死亡数据得出的(Cucinotta 等,2019)。

根据国家辐射防护和测量委员会的要求,可接受的风险水平必须考虑任务在为人类获取科学知识和技术方面价值的同时,不能忘记为此努力付出的利益相关者,如宇航员及其家人、纳税组织和科研团队。也就是说主要关注风险-效益比(NCRP,1997;Durante 和 Cucinotta,2008)。

诸如为期 940 天的火星任务的探索任务将大大超过 NASA 的辐射限制量(Cucinotta 等,2013a)。而对于从不吸烟的 45 岁男性和女性,在近地轨道外的安全天数估计分别为 900 天和 700 天(Cucinotta 等,2015)。

参考文献

Chang PY, Cucinotta FA, Bjornstad KA, Bakke J, Rosen CJ, Du N, Fairchild DG, Cacao E, Blakely EA (2016) Harderian gland tumorigenesis: low-dose and LET response. Radiat Res 185(5):449-460

Cucinotta FA (2014) Space radiation risks for astronauts on multiple international Space Station missions. PLoS One 9(4): e96099

Cucinotta FA (2015) A new approach to reduce uncertainties in space radiation cancer risk predictions. PLoS One 10(3):e0120717

Cucinotta FA, Cacao E (2017) Non-targeted effects models predict significantly higher mars mission cancer risk than targeted effects models. Sci Rep 7(1):1832

Cucinotta FA, Kim M-HY, Ren L (2005) Managing lunar and mars mission radiation risks. Part 1; cancer risks, uncertainties, and shielding effectiveness. Technical Publication, NASA Johnson Space Center, Houston, TX, p44

Cucinotta F, Kim M, Chappell L (2013a) Space radiation cancer risk projections and uncertainties-2012. NASA/TP-2013-217375. NASA, Houston, TX

Cucinotta FA, Kim MH, Chappell LJ, Huff JL (2013b) How safe is safe enough? Radiation risk for a human mission to Mars. PLoS One 8(10):e74988

Cucinotta FA, Alp M, Rowedder B, Kim MH (2015) Safe days in space with acceptable uncertainty from space radiation exposure. Life Sci Space Res (Amst) 5:31-38

Cucinotta FA, Cacao E, Kim MY, Saganti PB (2019) Non-targeted effects lead to a paridigm shift in risk assessment for a mission to the earth's moon or martian moon phobos. Radiat Prot Dosim 183(1-2):213-218

Durante M, Cucinotta FA (2008) Heavy ion carcinogenesis and human space exploration. Nat Rev Cancer 8(6):465-472

Dyer J (2011) Aerospace safety advisory panel annual report for 2010. Washington, DC

ICRP (1990) RBE for deterministic effects. ICRP Publication 58. Ann. ICRP 20 (4). F. D. Sowby, International Commission on Radiological Protection

ICRP (2003) Relative biological effectiveness (RBE), quality factor (Q), and radiation weighting factor (wR). ICRP Publication 92

National Aeronautics and Space Administration (NASA), W., DC (2007) NASA Space flight human system standard volume Ⅰ; Crew health. NASA STD-3001. National Aeronautics and Space Administration (NASA), Washington, DC. NASA-STD-3001: 83

National Research Council (1996) Radiation hazards to crews of interplanetary missions: biological issues and research strategies. The National Academies Press, Washington, DC

National Research Council (2006) Health risks from exposure to low levels of ionizing radiation: BEIR Ⅶ phase 2. National Academies Press, Washington, DC

National Research Council (2012) Technical evaluation of the NASA model for cancer risk to astronauts due to space radiation. The National Academies Press, Washington, DC

NCRP (1997) National council on radiation protection and measurements: acceptability of risk from radiation: application to human space flight

NCRP, Bethesda, MD NCRP (2000). NCRP Report No. 132: Radiation protection guidance for activities in low earth orbit. Bethesda, MD, USA

NCRP (2006) NCRP report no. 153: information needed to make radiation protection recommendations for space missions beyond low-earth orbit, vol 153

NCRP (2014) Commentary no. 23—radiation protection for space activities: supplement to previous recommendations. NCRP, Bethesda, MD. Commentary No. 23: 1-427

Smirnova OA, Cucinotta FA (2018) Dynamical modeling approach to risk assessment for radio-genic leukemia among astronauts engaged in interplanetary space missions. Life Sci Space Res (Amst) 16:76-83

第5章 空间辐射对策

摘　要:需要针对银河宇宙射线(GCR)和太阳粒子事件(SPE)等空间辐射对人类健康的有害影响制定不同的对策。在太阳粒子事件的情况下,可以在辐射防护所中进行有效的屏蔽。如果在SPE期间质子通量增加,机组人员必须进入庇护所,以避免在数小时或数天内进行高剂量暴露,这种最坏的情况可能导致急性辐射综合征(ARS)。虽然ARS的治疗策略是可用的,但很难在太空任务中实施。长期暴露于GCR可导致各种健康风险(癌症、白内障、中枢神经系统功能减退、心血管疾病),这些风险可能会降低返回地球后的健康寿命。GCR在自由空间的屏蔽非常有限,因此应快速推进以减少在自由空间的时间。在行星和月球表面,生活环境应提供最佳的屏蔽,以减少任务期间积累的GCR剂量。研究人员在制定针对慢性与晚期辐射影响的营养和药物对策方面做出了很多努力。自由基清除剂,如阿米福汀,因为其有严重的副作用,被排除在外。在对使用浆果或干李子投喂的啮齿类动物的研究中,得出了令人鼓舞的结果。需要采取地面研究和空间实验的联合行动,以扩大有关空间辐射的辐射生物学知识,从而改进辐射影响对策的发展。宇航员的选择是一个敏感的话题,但从辐射防护的角度来看,可以考虑辐射敏感度较低的老年宇航员。

关键词:屏蔽,人工休眠,急性辐射综合征治疗,阿米福汀,抗氧化剂,植物

化学物质,共济失调毛细血管扩张突变基因

5.1 引言

对地球上的辐射防护的建议通常是缩短暴露时间,增加与辐射源的距离,使用屏蔽,并降低辐射源的活度。但太阳的活动和银河宇宙辐射的整体强度都超出了人类采取措施的影响范围。由于自由空间中的空间辐射从各个方向产生影响,增加距离对空间辐射防护中并没有作用(Durante 和 Cucinotta,2008)。在火星任务中,可以通过加快航天器的推进速度来减少自由空间中的暴露时间,而这在现实的时间段内是难以实现的。在其他行星或卫星的栖息地中,可以使用就地可提供的材料进行屏蔽来减少辐射剂量。对于宇宙飞船来说,鉴于目前的大部分发射能力,对 GCR 的屏蔽是不可能的,或者至少是非常有限的(Durante 和 Cucinotta,2008)。因此,针对空间辐射效应的药理学或营养干预对策的发展已经给人们带来了很大的希望,但目前在癌症预防方面尚未取得重大突破。因此,作为最后的解决方法,讨论了为探索任务挑选抗辐射性个体以及采用休眠的方法。且不考虑人类是否能达到休眠状态的问题,在慢性低剂量暴露的情况下,这种代谢活动减少的状态是否有益也是值得怀疑的,因为目前仅发现这种状态对高剂量暴露的急性效应有防护作用(Cerri 等,2016;Tinganelli 等,2019)。

5.2 任务操作计划和屏蔽

最好的辐射防护不仅适用于空间,而且是通过精心的任务规划或屏蔽来避免或减少辐射暴露。宇宙飞船的屏蔽层相当于 5~20cm 水的厚度(当量为 5~20g/cm^2),而在太空行走时宇航员所穿宇航服的屏蔽层平均会收缩至相当于 1cm 水的厚度(当量为 1g/cm^2)。

对宇宙辐射中的太阳成分,特别是对其低能量成分,屏蔽是非常有效的。美国航空航天局阿尔忒弥斯计划(原先的探索任务)的“猎户座”飞船提供了辐射防护所,一旦有太阳粒子事件警告,宇航员便进入到里面。

对于银河成分的高能粒子,通过铝屏蔽层可实现 GCR 剂量的减少是有限的。在初级 GCR 分裂导致的剂量当量迅速下降以及初始为 10~20g/cm^2 的质量因子相应下降后，随着屏蔽量的进一步增加，预计剂量等效率仅会缓慢减少。在使用水和铝屏蔽的模型计算中，当屏蔽厚度增加到 150g/cm^2 时，癌症死亡的风险几乎没有降低（Durante 和 Cucinotta，2008）。

轻质高氢含量材料，如聚乙烯，对屏蔽更有效；然而，由于屏蔽的重量不能无限增加，屏蔽可使用的重量对航天器可达的剂量减少不超过 50%。因此除了适当的辐射防护室外，还尝试穿戴个人辐射防护背心。

5.3 急性辐射综合征的预防和治疗

急性辐射综合征的治疗方法在遭受意外辐射的人群和非人灵长类动物，以及狗、小鼠、大鼠和猪身上进行了测试（Donnadieu-Claraz 等，1999；MacVittie 等，2005）。临床发现，这些方法包括：隔离患者，以降低感染的风险；出现感染时，联合使用抗生素和抗真菌药物；注射电解质和血小板或输血，以及从具有相容表面抗原的供者处移植同种异体骨髓（Cronkite，1964）。目前的治疗标准包括在暴露于低于 50%的致死剂量后，通过粒细胞集落刺激因子（G-CSF）刺激剩余的骨髓干细胞（Romero-Weaver 等，2014）。若骨髓被完全清除，则进行同种异体干细胞移植（Drouet 和 Herodin，2010）。其他生长因子的功效，如角质细胞生长因子（KGF）和不同生长因子的组合（如干细胞因子（SCF）、神经生长因子（NGF）、红细胞生成素、聚乙二醇化生长因子）、抗氧化剂（如 N-乙酰半胱氨酸）和抗炎方法（如环氧合酶-2 抑制剂、抗 IL 抗体、姜黄素、胃饥饿素）以及缺氧，这些目前正在研究中（Neal 等，2003；Drouet 和 Herodin，2010；Jacob 等，2010；Kiang 和 Olabisi，2019）。

激活促进生存的细胞内信号通路（Burdelya 等，2012；Toshkov 等，2017）被建议作为急性辐射综合征的治疗策略。鉴于其促生存作用，选择核因子 κB （见 3.2 节）通路作为靶点；细菌鞭毛蛋白是 NF-κB 激活 Toll-样受体 5 （TLR5）的天然激动剂，可有效保护表达该受体的组织免受辐射损伤（Gudkov 和 Komarova，2010）。TLR5 由造血系统和胃肠道组织的细胞表达，决定急性辐射综合征的严重程度。这种基于鞭毛蛋白的药物在质子暴露（模拟 SPE）后的效果仍有待确定。

用于治疗急性辐射综合征的小分子抑制剂哌非尼酮-α 对凋亡促进途径如 p53 途径的抑制可能会减少造血系统如脾脏、胸腺、骨髓和淋巴结中大量辐射诱导的细胞死亡(Komarov 等,1999)。然而,p53 抑制剂会增加胃肠道的放射敏感性(Burdelya 等,2006)。

急性辐射综合征康复以后,在暴露后的前 10~15 年,患白血病的概率每 105 名高危人群中约有 100 例,他们大多数是近距离暴露在长崎原子弹中的幸存者(Tomonaga,1962)。

急性辐射综合征是一种严重的疾病,即使在重症监护下,高剂量下的预后也很差。在太阳离子事件期间,引起血液系统综合征的剂量会累积,这将需要高强度的治疗护理,而这在太空任务中是不现实的。因此,必须通过 SPE 的早期预警系统和适当的辐射掩体来避免这种暴露。为了在预警系统故障的情况下提供足够的冗余,应在深空任务中携带急性辐射综合征治疗套件。

5.4 慢性和晚期辐射效应的营养及药物对策

由银河宇宙辐射引起的癌症风险是太空飞行的主要限制因素,因此通过药物或营养干预来降低这种风险是可取的。在最近的计划中,美国国家航空航天局将技术就绪水平(TRL)设定为 1,以对抗退化效应,目标是 TRL 为 9,并且强调了开发和实验慢性低剂量 GCR 暴露的生物治疗的紧迫性(NASA,2015)。

药物或饮食干预可以理解为一种辐射防护措施。有机硫代磷酸盐如阿米福汀(WR-2721)可以作为自由基清除剂,保护组织免受电离辐射的有害影响,因此它被批准用于癌症治疗期间临床使用药物(Sasse 等,2006;Kouvaris 等,2007)。阿米福汀的副作用有恶心、呕吐、血管舒张和低血压(Boccia,2002),在常规临床被限制使用(Kamran 等,2016)。因此,它在执行太空任务期间的长期使用药物范围之外。一方面,在出现危及生命的 SPE 情况下,短期给药被认为是有益的(Durante 和 Cucinotta,2008);另一方面,对其预防急性辐射综合征的安全性和有效性仍存在疑问(Singh 和 Seed,2019)。

尽管在几种人类疾病中缺乏膳食抗氧化剂补充的效果(Halliwell,2000,

2013;Bingham 和 Riboli,2004),在寻找毒性较低、可长期使用的抗氧化剂的过程中营养抗氧化剂是最受欢迎的。尽管如此,欧洲癌症与营养前瞻性研究(EPIC)显示,水果摄入量与上消化道和癌症风险成反比,水果和蔬菜总摄入量以及纤维总摄入量与结直肠癌风险成反比,纤维总摄入量则与肝癌风险成反比(Bradbury 等,2014)。一项对 68 项实验的元分析得出结论:补充 β-胡萝卜素、维生素 A 和维生素 E 可能会增加死亡率(Bjelakovic 等,2007)。关于辐射暴露群体的影响,发现每日摄入较多水果和蔬菜的原子弹幸存者患癌症的风险降低(Sauvaget 等,2004)。此外,一些宇航员的抗氧化能力在执行国际空间站任务后下降(Smith 等,2005;Durante 和 Cucinotta,2008)。

因此,考虑用自由基清除剂和抗氧化剂改进食物,以保护其免受活性氧(见 3.2 节)的影响。在动物实验中,添加浆果(草莓、蓝莓)或干梅子的饲料已显示出良好的效果(Guan 等,2004;Rabin 等,2005;Schreurs 等,2016;Poulose 等,2017),抗氧化剂在暴露于高传能线密度辐射后给药也有效果(Kennedy,2014;Sridharan 等,2016)。浆果饮食在啮齿类动物模型中对重离子的有害中枢神经系统影响是有效的(Rabin 等,2005b;Shukitt-Hale 等,2007),并且减少了重离子诱导的肿瘤发生(Rabin 等,2005a)。其他的候选营养对策膳食还有绿茶和十字花科植物、激素(如褪黑激素)、谷胱甘肽、超氧化物歧化酶(SOD)、金属(尤其是硒、锌和铜盐)(Weiss 和 Landauer,2000;Durante 和 Cucinotta,2008)和 NF-κB 通路的抑制剂(非甾体抗炎药(NSAIDs)(Yamamoto 和 Gaynor,2001))、姜黄素(Inano 等,2000)、黑树莓(Huang 等,2007;Madhusoodhanan 等,2010),以及未成熟猕猴桃的提取物(图 5.1)和苹果的提取物(Davis 等,2006;Abe 等,2010)。不过,需要考虑长期抑制 NF-κB 通路可能产生的副作用,长期反复使用强“宽带”NF-κB 抑制剂也能抑制正常免疫细胞的免疫激活,这可能会导致严重的免疫缺陷。这在癌症预防和载人航天中是不可取的(Wong 和 Tergaonkar,2009)。特别是在宇航员中,除了微重力对免疫系统的影响外,免疫抑制也是不可取的。

就癌症的化学预防而言,地球上有效的方法也适用于太空任务:富含植物化学物质的饮食可能会降低风险(Kresty 等,2001;Genkinger 等,2004),但绝对的保护是不可能的。这需要更多的研究找到植物化学物质的最佳组合、药物形式和剂量。

(a)　　　　　　　　　　　　(b)

图 5.1　(见彩图)作为营养对策候选者的次生植物代谢产物(© Christine E. Hellweg,DLR)

注:猕猴桃、石榴或其他水果和蔬菜含有对健康有益的次生代谢产物。

5.5　宇航员的选择和个性化预防措施

从生物医学的角度来看,谨慎选择宇航员可减少空间辐射造成的健康损害。对于年龄较大的宇航员来说,健康寿命的预期损失要低于年轻人。此外,超过生育年龄的宇航员不会增加人口中致畸或遗传损害的数量,因为他们已经不需要繁衍后代。对于某些类型肿瘤的诱导,也存在性别特异性关系。女性患辐射诱导肿瘤的风险比男性更大(National Research Council,2006;Narendran 等,2019)。因为女性患乳腺癌的风险更高,所以可能会倾向性选择男宇航员。不过,从心理学的角度来看,宇航员男女搭配也有好处。此外,最近关于重离子暴露诱导的神经退行性效应的研究表明,由于小胶质细胞反应不同,雌性小鼠受到的影响小于雄性小鼠(Krukowski 等,2018)。

同样重要的一点是,辐射敏感性存在的个体差异性,正如不同皮肤类型对紫外线照射的个体差异性,但目前对于暴露在电离辐射中的个体差异性还不是很明确。"辐射敏感性"的概念还存在混淆(Britel 等,2018),在放射疗法早期时作为术语使用,用来描述皮肤反应和有害细胞组织反应,认为这些反应主要依赖细胞死亡。为了区分对电离辐射诱导的组织反应的敏感性增加与对电离辐射暴露的癌症倾向(可归因于细胞转化),建议使用"放射敏感性"一词(Britel

等,2018)。这种区分对于临床情况是有用的,因为辐射敏感性和放射敏感性不一定同时存在:继发性癌症风险较高的患者在放射治疗中可能出现正常的组织反应,反之亦然。遗传背景对敏感性的特征起着至关重要的作用。对电离辐射敏感性增加的突出例子是 ATM 基因的突变。ATM 纯合子是对辐射极为敏感的个体(Taylor 等,1975),它们对放射也极为敏感。0.5%~1%的普通人群携带 ATM 杂合子突变,并且易患癌症和对辐射敏感(Broeks 等,2000;Thompson 等,2005)。ATM 纯合子、ATM 杂合子和野生小鼠的实验表明,与野生小鼠相比,ATM 杂合子对 X 射线诱导的白内障更敏感(Worgul 等,2002;Durante 和 Cucinotta,2008)。

相比之下,李-弗劳梅尼综合征($p53^{+/-}$)患者易患癌症,因为其"基因组的守护者"p53 抑癌基因突变。但就细胞组织反应而言,他们对辐射并不敏感。

10%~15%接受放射治疗的患者出现不良反应(Averbeck 等,2020)。根据对放疗患者的研究,定义了三组放射敏感性。在第Ⅲ组中,极端放射敏感性是放射敏感性基因的纯合突变引起的,这些基因直接参与 DNA 双链断裂的修复或通常参与 DNA 的损伤反应中(见 3.2.3 节,如 Rad9(Kleiman 等,2007)、BRCA1 和 BRCA2(Baeyens 等,2004;Durante 和 Cucinotta,2008))。在第Ⅱ组中,这些基因在杂合状态下的突变解释了中度放射敏感性(Copernic Project Investigators ×××等,2016),2%~15%的患者表现出这种中度敏感反应(Averbeck 等,2020)。第Ⅰ组患者表现出了正常的放射敏感性(约 85%的患者)。

第Ⅲ组个体受复杂遗传综合征和一系列其他缺陷的影响,而第Ⅱ组个体可能不受任何可见缺陷或疾病的影响。因此,DNA 双链断裂修复能力降低的个体("第Ⅱ组")可能存在于宇航员群体中。在这里重要的是要知道他们是否具有辐射敏感性,这意味着他们有很高的风险发展为辐射诱发的肿瘤,以及他们是否更容易受到电离辐射暴露引起的退行性影响("辐射退行性变化")(Foray 等,2016)。这方面的知识将提醒随行外科医生制定预防措施,如严密的医学检查。

对于癌症患者将会有大量的测试,使用皮肤活检或血液样本来确定他们的放射敏感性,例如,使用成纤维细胞的克隆细胞存活化验,基于 γHAX/pATM/

MRE11/53BP1 免疫荧光的 DNA 修复检测，微核检测（Ferlazzo 等，2017）。由于这些检测的重点是作为放疗副作用的组织反应，若利用其预测宇航员对空间辐射诱导的后期效应（如癌症、白内障、中枢神经系统改变和心血管疾病）敏感性增加和相关性，必须进行评估后才能将其用作为宇航员确定个人风险的工具，并在此基础上制定个性化的预防措施。

参考文献

Abe D, Saito T, Kubo Y, Nakamura Y, Sekiya K (2010) A fraction of unripe kiwi fruit extract regulates adipocyte differentiation and function in 3T3-L1 cells. Biofactors 36(1):52-59

National Research Council (2006) Health risks from exposure to low levels of ionizing radiation: BEIR Ⅶ phase 2. National Academies Press, Washington, DC

Averbeck D, Candéias S, Chandna S, Foray N, Friedl AA, Haghdoost S, Jeggo PA, Lumniczky K, Paris F, Quintens R, Sabatier L (2020) Establishing mechanisms affecting the individual response to ionizing radiation. Int J Radiat Biol 96(3):297-323

Baeyens A, Thierens H, Claes K, Poppe B, de Ridder L, Vral A (2004) Chromosomal radiosensitivity in BRCA1 and BRCA2 mutation carriers. Int J Radiat Biol 80(10):745-756

Bingham S, Riboli E (2004) Diet and cancer—the European prospective investigation into Cancer and nutrition. Nat Rev Cancer 4(3):206-215

Bjelakovic G, Nikolova D, Gluud LL, Simonetti RG, Gluud C (2007) Mortality in randomized trials of antioxidant supplements for primary and secondary prevention: systematic review and meta-analysis. JAMA 297(8):842-857

Boccia R (2002) Improved tolerability of amifostine with rapid infusion and optimal patient preparation. Semin Oncol 29(6 Suppl 19):9-13

Bradbury KE, Appleby PN, Key TJ (2014) Fruit, vegetable, and fiber intake in relation to cancer risk: findings from the European prospective investigation into Cancer and nutrition (EPIC). Am J Clin Nutr 100(Suppl 1):394s-398s

Britel M, Bourguignon M, Foray N (2018) The use of the term 'radiosensitivity' through history of radiation: from clarity to confusion. Int J Radiat Biol 94(5):503-512

Broeks A, Urbanus JH, Floore AN, Dahler EC, Klijn JG, Rutgers EJ, Devilee P, Russell NS, van Leeuwen FE, van't Veer LJ (2000) ATM-heterozygous germline mutations contribute to breast cancer-susceptibility. Am J Hum Genet 66(2):494-500

Burdelya LG, Komarova EA, Hill JE, Browder T, Tararova ND, Mavrakis L, DiCorleto PE, Folkman J, Gudkov AV (2006) Inhibition of p53 response in tumor stroma improves efffcacy of anticancer treatment by increasing antiangiogenic effects of chemotherapy and radiotherapy in mice. Cancer Res 66(19):9356-9361

Burdelya LG, Gleiberman AS, Toshkov I, Aygun-Sunar S, Bapardekar M, Manderscheid-Kern P, Bellnier D, Krivokrysenko Ⅵ, Feinstein E, Gudkov AV (2012) Toll-like receptor 5 agonist protects mice from dermatitis and oral mucositis caused by local radiation: implications for head-and-neck cancer radiotherapy. Int J Radiat Oncol Biol Phys 83(1):228-234

Cerri M, Tinganelli W, Negrini M, Helm A, Scifoni E, Tommasino F, Sioli M, Zoccoli A, Durante M (2016) Hibernation for space travel: impact on radioprotection. Life Sci Space Res (Amst) 11:1-9

Cronkite EP (1964) The diagnosis, treatment, and prognosis of human radiation injury from whole-body exposure. Ann NY Acad Sci 114:341-355

Davis PA, Polagruto JA, Valacchi G, Phung A, Soucek K, Keen CL, Gershwin ME (2006) Effect of apple extracts on NF-kappaB activation in human umbilical vein endothelial cells. Exp Biol Med (Maywood) 231(5):594-598

Donnadieu-Claraz M, Benderitter M, Joubert C, Voisin P (1999) Biochemical indicators of whole-body gamma-radiation effects in the pig. Int J Radiat Biol 75(2):165-174

Drouet M, Herodin F (2010) Radiation victim management and the haematologist in the future: time to revisit therapeutic guidelines? Int J Radiat Biol 86(8):636-648

Durante M, Cucinotta FA (2008) Heavy ion carcinogenesis and human space exploration. Nat Rev Cancer 8(6):465-472

Ferlazzo ML, Bourguignon M, Foray N (2017) Functional assays for individual radiosensitivity: a critical review. Seminar Radiat Oncol 27(4):310-315

Foray N, Bourguignon M, Hamada N (2016) Individual response to ionizing radiation. Mutat Res 770(Pt B):369-386

Genkinger JM, Platz EA, Hoffman SC, Comstock GW, Helzlsouer KJ (2004) Fruit, vegetable, and antioxidant intake and all-cause, cancer, and cardiovascular disease mortality in a community-dwelling population in Washington County, Maryland. Am J Epidemiol 160(12):

1223-1233

Guan J, Wan XS, Zhou Z, Ware J, Donahue JJ, Biaglow JE, Kennedy AR (2004) Effects of dietary supplements on space radiation-induced oxidative stress in Sprague-Dawley rats. Radiat Res 162(5):572-579

Gudkov AV, Komarova EA (2010) Radioprotection: smart games with death. J Clin Invest 120(7):2270-2273

Halliwell B (2000) The antioxidant paradox. Lancet 355(9210):1179-1180

Halliwell B (2013) The antioxidant paradox: less paradoxical now? Br J Clin Pharmacol 75(3):637-644

Huang C, Zhang D, Li J, Tong Q, Stoner GD (2007) Differential inhibition of UV-induced activation of NF kappa B and AP-1 by extracts from black raspberries, strawberries, and blueberries. Nutr Cancer 58(2):205-212

Inano H, Onoda M, Inafuku N, Kubota M, Kamada Y, Osawa T, Kobayashi H, Wakabayashi K (2000) Potent preventive action of curcumin on radiation-induced initiation of mammary tumorigenesis in rats. Carcinogenesis 21(10):1835-1841

Copernic Project Investigators, Granzotto A, Benadjaoud MA, Vogin G, Devic C, Ferlazzo ML, Bodgi L, Pereira S, Sonzogni L, Forcheron F, Viau M, Etaix A, Malek K, Mengue-Bindjeme L, Escofffer C, Rouvet I, Zabot M-T, Joubert A, Vincent A, Venezia ND, Bourguignon M, Canat E-P, d'Hombres A, Thébaud E, Orbach D, Stoppa-Lyonnet D, Radji A, Doré E, Pointreau Y, Bourgier C, Leblond P, Defachelles A-S, Lervat C, Guey S,Feuvret L, Gilsoul F, Berger C,Moncharmont C, de Laroche G, Moreau-Claeys M-V, Chavaudra N, Combemale P, Biston M-C, Malet C, Martel-Lafay I, Laude C, Hau-Desbat N-H, Ziouéche A, Tanguy R, Sunyach M-P, Racadot S, Pommier P, Claude L, Baleydier F, Fleury B, de Crevoisier R, Simon J-M, Verrelle P, Peiffert D, Belkacemi Y, Bourhis J, Lartigau E, Carrie C, De Vathaire F, Eschwege F, Puisieux A, Lagrange J-L, Balosso J, Foray N (2016) Inffuence of Nucleoshuttling of the ATM protein in the healthy tissues response to radiation therapy: toward a molecular classiffcation of human Radiosensitivity. Int J Radiat Oncol Biol Phys 94(3):450-460

Jacob A, Shah KG, Wu R, Wang P (2010) Ghrelin as a novel therapy for radiation combined injury. Mol Med 16(3-4):137-143

Kamran MZ, Ranjan A, Kaur N, Sur S, Tandon V (2016) Radioprotective agents: strategies and translational advances. Med Res Rev 36(3):461-493

Kennedy AR (2014) Biological effects of space radiation and development of effective countermeasures. Life Sci Space Res (Amst) 1:10-43

Kiang JG, Olabisi AO (2019) Radiation: a poly-traumatic hit leading to multi-organ injury. Cell Biosci 9:25

Kleiman NJ, David J, Elliston CD, Hopkins KM, Smilenov LB, Brenner DJ, Worgul BV, Hall EJ, Lieberman HB (2007) Mrad9 and atm haploinsufffciency enhance spontaneous and X-ray-induced cataractogenesis in mice. Radiat Res 168(5):567-573

Komarov PG, Komarova EA, Kondratov RV, Christov-Tselkov K, Coon JS, Chernov MV, Gudkov AV (1999) A chemical inhibitor of p53 that protects mice from the side effects of cancer therapy. Science 285(5434):1733-1737

Kouvaris JR, Kouloulias VE, Vlahos LJ (2007) Amifostine: the first selective-target and broad-spectrum radioprotector. Oncologist 12(6):738-747

Kresty LA, Morse MA, Morgan C, Carlton PS, Lu J, Gupta A, Blackwood M, Stoner GD (2001) Chemoprevention of esophageal tumorigenesis by dietary administration of lyophilized black raspberries. Cancer Res 61(16):6112-6119

Krukowski K, Grue K, Frias ES, Pietrykowski J, Jones T, Nelson G, Rosi S (2018) Female mice are protected from space radiation-induced maladaptive responses. Brain Behav Immun 74:106-120

MacVittie TJ, Farese AM, Jackson W Ⅲ (2005) Deffning the full therapeutic potential of recombinant growth factors in the post radiation-accident environment: the effect of supportive care plus administration of G-CSF. Health Phys 89(5):546-555

Madhusoodhanan R, Natarajan M, Singh JV, Jamgade A, Awasthi V, Anant S, Herman TS, Aravindan N (2010) Effect of black raspberry extract in inhibiting NFkappa B dependent radioprotection in human breast cancer cells. Nutr Cancer 62(1):93-104

Narendran N, Luzhna L, Kovalchuk O (2019) Sex difference of radiation response in occupational and accidental exposure. Front Genet 10:260

NASA (2015) TA 6: human health, life support, and habitation systems. NASA Technology Roadmaps. National Aeronautics and Space Administration (NASA), Washington, DC Neal R,

Matthews RH, Lutz P, Ercal N (2003) Antioxidant role of N-acetyl cysteine isomers following high dose irradiation. Free Radic Biol Med 34(6):689-695

Poulose SM, Rabin BM, Bielinski DF, Kelly ME, Miller MG, Thanthaeng N, Shukitt-Hale B (2017) Neurochemical differences in learning and memory paradigms among rats supplemented with anthocyanin-rich blueberry diets and exposed to acute doses of (56) Fe particles. Life Sci Space Res (Amst) 12:16-23

Rabin BM, Shukitt-Hale B, Joseph J, Todd P (2005a) Diet as a factor in behavioral radiation protection following exposure to heavy particles. Gravit Space Biol Bull 18(2):71-77

Rabin BM, Joseph JA, Shukitt-Hale B (2005b) Effects of age and diet on the heavy particleinduced disruption of operant responding produced by a ground-based model for exposure to cosmic rays. Brain Res 1036(1-2):122-129

Romero-Weaver AL, Ni J, Lin L, Kennedy AR (2014) Orally administered fructose increases the numbers of peripheral lymphocytes reduced by exposure of mice to gamma or SPE-like proton radiation. Life Sci Space Res (Amst) 2:80-85

Sasse AD, Clark LG, Sasse EC, Clark OA (2006) Amifostine reduces side effects and improves complete response rate during radiotherapy: results of a meta-analysis. Int J Radiat Oncol Biol Phys 64(3):784-791

Sauvaget C, Kasagi F, Waldren CA (2004) Dietary factors and cancer mortality among atomic-bomb survivors. Mutat Res 551(1-2):145-152

Schreurs AS, Shirazi-Fard Y, Shahnazari M, Alwood JS, Truong TA, Tahimic CG, Limoli CL, Turner ND, Halloran B, Globus RK (2016) Dried plum diet protects from bone loss caused by ionizing radiation. Sci Rep 6:21343

Shukitt-Hale B, Carey AN, Jenkins D, Rabin BM, Joseph JA (2007) Beneffcial effects of fruit extracts on neuronal function and behavior in a rodent model of accelerated aging. Neurobiol Aging 28(8):1187-1194

Singh VK, Seed TM (2019) The efffcacy and safety of amifostine for the acute radiation syndrome. Expert Opin Drug Saf 18(11):1077-1090

Smith SM, Zwart SR, Block G, Rice BL, Davis-Street JE (2005) The nutritional status of astronauts is altered after long-term space flight aboard the international Space Station. J Nutr 135 (3):437-443

Sridharan DM, Asaithamby A, Blattnig SR, Costes SV, Doetsch PW, Dynan WS, Hahnfeldt P, Hlatky L, Kidane Y, Kronenberg A, Naidu MD, Peterson LE, Plante I, Ponomarev AL, Saha J, Snijders AM, Srinivasan K, Tang J, Werner E, Pluth JM (2016) Evaluating biomarkers to model cancer risk post cosmic ray exposure. Life Sci Space Res (Amst) 9:19-47

Taylor AM, Harnden DG, Arlett CF, Harcourt SA, Lehmann AR, Stevens S, Bridges BA (1975) Ataxia telangiectasia: a human mutation with abnormal radiation sensitivity. Nature 258(5534):427-429

Thompson D, Duedal S, Kirner J, McGuffog L, Last J, Reiman A, Byrd P, Taylor M, Easton DF (2005) Cancer risks and mortality in heterozygous ATM mutation carriers. J Natl Cancer Inst 97(11):813-822

Tinganelli W, Hitrec T, Romani F, Simoniello P, Squarcio F, Stanzani A, Piscitiello E, Marchesano V, Luppi M, Sioli M, Helm A, Compagnone G, Morganti AG, Amici R, Negrini M, Zoccoli A, Durante M, Cerri M (2019) Hibernation and radioprotection: gene expression in the liver and testicle of rats irradiated under synthetic torpor. Int J Mol Sci 20(2):352

Tomonaga M (1962) Leukaemia in Nagasaki atomic bomb survivors from 1945 through 1959. Bull World Health Organ 26:619-631

Toshkov IA, Gleiberman AS, Mett VL, Hutson AD, Singh AK, Gudkov AV, Burdelya LG (2017) Mitigation of radiation-induced epithelial damage by the TLR5 agonist entolimod in a mouse model of fractionated head and neck irradiation. Radiat Res 187(5):570-580

Weiss JF, Landauer MR (2000) Radioprotection by antioxidants. Ann NY Acad Sci 899:44-60

Wong ET, Tergaonkar V (2009) Roles of NF-kappaB in health and disease: mechanisms and therapeutic potential. Clin Sci (Lond) 116(6):451-465

Worgul BV, Smilenov L, Brenner DJ, Junk A, Zhou W, Hall EJ (2002) Atm heterozygous mice are more sensitive to radiation-induced cataracts than are their wild-type counterparts. Proc Natl Acad Sci USA 99(15):9836-9839

Yamamoto Y, Gaynor RB (2001) Therapeutic potential of inhibition of the NF-kappaB pathway in the treatment of inflammation and cancer. J Clin Invest 107(2):135-142

第6章
探索任务面临的挑战

摘　要:用于空间任务的直流和交流辐射量测定器都是有效的,并且在不断改进。国际空间站的辐射环境特征良好,辐射探测器正在火星和月球表面进行测量。风暴避难所的概念将在阿尔忒弥斯登月任务中得到应用。首次低地球轨道以外的人体模型实验将得出女性体内的深度剂量分布情况。空间放射生物学研究目前已从单离子实验转向几种离子的组合,从细胞存活和染色体畸变等经典放射生物学终点转向与退行性疾病相关的组织和器官特异性反应。此外,除了单层细胞培养外,更复杂的模型系统,如类器官,也用于基于加速器的研究。除微重力外,其他太空飞行环境因素如压力、孤独、睡眠障碍,正成为综合影响的研究重点。为了制定相应的对策,建议使用已知药物进行实验。

关键词:屏蔽,太空飞行环境因素,空间辐射生物学研究

6.1　辐射量测定和防护:我们是否准备好了发射

长期的探测任务将要到来,无论是对月球、近地小行星还是对火星的长期探索。现在对自由空间辐射环境的了解比人类太空探索时代之初要好得多,毕竟那时辐射量测定和防护的问题才刚刚开始讨论。

有了相关的防护措施,如风暴掩体,就可以将太阳粒子事件的剂量降低到

相应的暴露量,使其低于相关的限值,从而降低高剂量辐射的风险。通过选择相关实际长期任务的飞行时间(如在太阳活动最大值时),可以减少银河宇宙辐射引起的剂量,从而降低暴露诱发死亡的风险。在过去的10年里,我们带着辐射探测器(火星科学实验室上的辐射评估探测器)登陆了火星和月球背面(中子和剂量测量仪),增加了国际空间站上的辐射仪器的数量,正在为即将到来的"猎户座"任务开发新的探测系统。从长远来看,这个新的探测系统将能把宇航员带到月球表面。此外,在美国国家航空航天局"阿尔忒弥斯"1号任务中,MATROSHKA AstroRad 辐射实验(MARE)首次在前往月球的"猎户座"飞船上搭乘飞行两个女性人体模型,以测试记录和确定登月任务期间辐射水平的深度剂量分布数据,这是对登月任务风险估计的必要前提。由德国宇航中心(DLR)提供上述两个人体模型并配备相应的辐射探测器,其中一个人体模型将身穿 AstroRad 辐射防护背心。两者都以人体为模型制作的,因此可以在对辐射特别敏感的器官中测量辐射剂量。同时还使用来自不同仪器和实验的数据进行基准测试,并进一步开发我们的辐射传输模型和代码,从而能够更好地预测未来任务的辐射暴露情况。考虑到这一切,还有很多事情要做,还有很多事情需要衡量,还有很多问题需要发现,但我们正朝着一个好的方向前进。

6.2 空间辐射生物学和风险评估中的开放性问题:我们能否控制辐射风险

重离子撞击后分子和细胞变化的图像变得越来越清晰。根据辐射剂量和剂量率的不同,某些细胞结果可能有利于维持宇航员的健康。在 SPE 的急性高剂量和高剂量率暴露期间,为了避免器官衰竭,需要尽可能多的细胞存活。关于低剂量和低剂量率接触宇宙辐射的长期风险,任何遗留 DNA 损伤、突变或染色体畸变的细胞死亡都有助于减少空间辐射造成的癌症风险。此外,在细胞周转率低、再生潜力低、终末分化细胞比例高的器官中,如大脑,细胞死亡导致的神经元损失是有害的,并导致组织损伤的持续积累。需要开展更多的研究,以制定从药理学角度指导应对空间辐射暴露细胞结果的策略。

更好地对空间辐射效应进行风险评估,减少致癌风险的不确定性,这条路仍然很漫长。这很困难，因为不仅必须考虑低剂量和低剂量率，而且空间的辐射质量是独特和极其复杂的，还涉及对生存或死亡产生相反影响的途径，这些途径可能是有益的，也可能是有害的（“只有死细胞才是好细胞”，以防止癌变）。因此，单个命中细胞的结果是无法预测的。此外，大多数放射性生物学实验都是用单一离子进行的，其中最常用的是 1GeV/n 的铁离子。考虑到空间辐射场的复杂性，对两种或多种离子（质子、氦和较重的离子）进行了实验。不久之后，位于美国纽约州厄普顿布鲁克海文的美国国家航空航天局空间辐射实验室（NSRL）就可以对银河系宇宙射线进行模拟（Norbury 等，2016）。由于银河宇宙辐射模拟的设置需要数周时间，束流时间非常有限，只能用于对每个单独离子的生物反应实验，以便将单个离子与组合束流结果进行比较。计划在德国达姆施塔特的亥姆霍兹重离子研究中心的新超加速器 FAIR 上进行一项不同的银河宇宙辐射模拟。

在充分描述的早期效应和充分记录的后期效应之间的联系方面存在许多知识空白。三维细胞模型、类器官和器官培养的实验可能有助于缩小这一差距。此外，应对低剂量暴露和低、高线性能量转移辐射暴露人群的进一步流行病学分析，持续改进空间辐射诱发癌症的风险预测。

此外，空间辐射生物学研究正在试图了解不同空间飞行环境因素的综合影响，例如，辐射暴露与压力水平升高或（模拟）失重状态，甚至睡眠障碍或孤独相结合。关于 DNA 损伤的反应，特别是 DNA 修复是否在微重力下发生改变的研究结果相互矛盾，微重力下增殖的变化被认为是 DNA 损伤反应发生改变的可能解释（Moreno-Villanueva 等，2017，参见 3.2 节）。国际空间站上的 X 射线源和荧光显微镜 FLUMIAS 可能会提供新的研究机会。

为了模拟细胞培养中的应激反应，对皮质激素的应用进行了测试。这些实验是在目前的欧洲航天局项目“利用 GSI 加速器设施开展的辐射生物学效应研究”（IBER）中进行的，该项目使用能量高达 10GeV/n 离子提供光束时间，用于研究空间辐射的生物学效应。FAIR 将把研究的可能性扩大到能量 10GeV/n。此外，在美国国家重离子加速器（GANIL）可获得的中能量离子（高达 95MeV/n）在细胞水平上提供线性能量转移，这与空间辐射研究高度相关。

目前,在所有航天机构中只有美国国家航空航天局开发了一个复杂的空间辐射风险模型,而不像其他机构那样在没有考虑宇航员的人口背景、性别和年龄,以及没有模型计算的情况下,就设定了辐射暴露极限值。国际太空探测任务需要就空间辐射风险评估和辐射暴露极限值达成国际协定。

关于急性辐射综合征,美国国家航空航天局基本上停止了相关研究,因为这种情况可以通过警报系统和辐射掩体相结合的方式来预防。此外,ARS 使用动物模型进行的研究压力很大,因为找到更好治疗方法的概率也很小。从伦理道德来考虑,使用动物进行太空飞行的 ARS 研究可能会得出这样的结论,即让动物遭受这样的痛苦是不合理的。

6.3 对辐射风险及应对措施的有效性

找到一种能预防癌症和衰老的神奇药丸是人类的梦想。有大量关于“神奇”植物化学物质如白藜芦醇、姜黄素和绿茶多酚的科学文献,这些物质都没有实现功效,自发癌症的发病率仍然很高。一些啮齿动物实验显示,浆果对人体有显著的影响,但目前尚不清楚对人类执行太空任务的影响程度。为了加快辐射对策的开发过程,美国国家航空航天局建议测试阿司匹林等熟知药物,因为它们的风险和作用是众所周知的。

基于癌症是一个多步骤过程的假设,需要几个不同的致癌物引起的基因事件,也应避免其他致癌物,如可给出禁止吸烟的建议。科学上推荐的一种健康的生活方式,一般来说包括富含蔬菜、水果和纤维的饮食,以及每周至少 150min 的中等强度有氧运动,作为预防癌症的措施。

6.4 空间辐射研究对地面应用的益处

空间辐射研究除了对人类太空任务中辐射防护的直接用处外,还有助于理解使用加速离子(如质子和碳离子)进行肿瘤放射治疗的副作用。肿瘤治疗旨在清除肿瘤的所有细胞,同时保留周围的正常组织。深度剂量分布和高能离子束的微小横向膨胀非常有利于实现这一目标(Kraft,1990):在入口通道中,粒子具有高能量,且吸收的剂量较低。在组织中穿行时,粒子的能量损失越来越大,能量沉积在粒子完全停止前不久达到最大值(范围的布拉格峰值与线性能量转移曲线,图3.3)。超过这个最大值后,只有非常小的物理剂量从二次带电粒子和中子(但具有高RBE)输送到组织(Kraft等,1999)。

使用高线性能量转移碳离子代替低线性能量转移辐射,如X射线和γ射线,具有进一步的优势(Kraft,1990)。虽然质子具有与光子相当或仅略高于光子的相对生物学效应(见3.3节,Courdi等,1994;Gueulette等,1997),但用于治疗的碳离子的相对生物学效应更高,约为3(Kanai等,1997;Ando等,2006)。

碳离子束的能量以布拉格峰(图3.3)位于肿瘤体积内的方式调制。布拉格峰通过基本布拉格曲线的加权叠加分布,以均匀的生物剂量覆盖整个肿瘤(Bortfeld和Schlegel,1996;Jette和Chen,2011)。在质子和碳离子束的临床应用中,用这种显示高线性能量转移的扩展布拉格峰(SOBP,Coutrakon等,1991)照射深层肿瘤,表面皮肤则暴露于较低剂量的入口平台(Courdi等,1994)。

对于离子束治疗,使用约300MeV质子和450MeV/n的碳离子(Jäkel,2008)。在碳离子束的入射区域,线性能量转移约为10keV/μm,在布拉格峰区域上升至50~80keV/μm(Durante和Loeffler,2010)。这些能量和线性能量转移范围在空间辐射研究中也高度相关。因此,了解重离子暴露后复杂DNA损伤诱导和修复、DNA损伤反应、细胞杀伤、细胞存活和其他细胞命运的基本机制,对空间放射生物学和与肿瘤的粒子治疗一样都有重要意义(Hellweg等,2018;Ray等,2018)。此外,遗传背景的作用(如p53基因状态(Mori等,2009)对细胞结果的作用)一方面了解可能存在的肿瘤放射抗性,另一方面了解重离子暴露敏感性的个体间差异很重要,这使得空间辐射保护和肿瘤治疗的个性化方法成为可能。

碳离子治疗的一个缺点是,尽管周围组织受到的照射剂量比传统放疗低得多,但这种剂量的相对生物学效应可能对诱导后期效应而言较高。目前,来自临床研究的数据过于异质,无法就粒子治疗的后期效果风险得出确切结论(Suit等,2007)。在空间放射生物学研究中多次对不同带电粒子的肿瘤诱导相对生物学效应的测定实验(参见3.3节)可以用于证实和评估粒子治疗引发晚期后遗症的风险。

空间辐射研究和粒子治疗都可以从成功的辐射对策研究进展中获得启示。系统对抗措施更适合太空任务,而局部方法可以进一步保护被带电粒子撞击的(尽管很小)肿瘤周围的健康组织免受急性或晚期影响。识别辐射保护途径有可能触发或增强这些途径,也可以抑制它们。因此,基于这些结果可以开发放射性保护途径的抑制剂,以进一步增强碳离子对肿瘤细胞的杀伤作用。

继 1992 年劳伦斯伯克利国家实验室(LBNL)关闭重离子放射治疗(Castro 等,1994)之后,日本国家放射科学研究所(NIRS)的千叶重离子医疗加速器(HIMAC,Hirao 等,2002)和德国达姆施塔特的亥姆霍兹重离子研究中心形成用于碳离子放射治疗中心(Kraft 等,1994)。基于德国亥姆霍兹重离子研究中心的开创性工作,已有患者在海德堡的海德堡离子治疗(HIT)设施接受碳离子放射治疗。2017 年,全球有 72 个粒子治疗设施在运行,预计 2021 年将达到 140 个(Dosanjh 等,2018a)。在一定程度上,这些设施对放射生物学研究开放(Dosanjh 等,2018b),从而为填补对带电粒子生物学效应的理解空白提供了机会。

6.5 结论

执行探测任务的宇航员应配备适当的个人被动和主动辐射剂量计。他们应该能够获得辐射避难所和空间天气信息,尤其是即将到来的太阳离子事件。太空船应针对银河宇宙辐射屏蔽进行优化,尤其是睡眠舱,并应配备有效的推进装置,以减少在深空中花费的时间。天体上的栖息地应提供更好的宇宙辐射屏蔽,以尽可能减少任务期间的剂量。饮食应该包括水果、浆果、蔬菜和纤维。宇航员应该有机会参加最新的空间辐射防护课程。太空药房应配备针对急性辐射综合征的药物,以应对最坏情况,如太阳离子事件和警告系统技术故障同时发生。从辐射可能减少健康寿命的角度来看,可招募年龄较大的机组宇航员。使用目前可用的模型,所有这些措施是否会将疾病风险降低到可接受的程度目前尚不清楚。最终,太空探索任务中哪些空间辐射风险可以接受,这仍然是相关社会和航天机构的决定,并需要宇航员的知情同意。不断发展的空间辐射研究有助于人类不断寻找对抗衰老和癌症的药物。

参考文献

Ando K, Koike S, Uzawa A, Takai N, Fukawa T, Furusawa Y, Aoki M, Hirayama R (2006) Repair of skin damage during fractionated irradiation with gamma rays and low-LET carbon ions. J Radiat Res 47(2):167-174

Bortfeld T, Schlegel W (1996) An analytical approximation of depth-dose distributions for therapeutic proton beams. Phys Med Biol 41(8):1331-1339

Castro JR, Linstadt DE, Bahary JP, Petti PL, Daftari I, Collier JM, Gutin PH, Gauger G, Phillips TL (1994) Experience in charged particle irradiation of tumors of the skull base: 1977-1992. Int J Radiat Oncol Biol Phys 29(4):647-655

Courdi A, Brassart N, Herault J, Chauvel P (1994) The depth-dependent radiation response of human melanoma cells exposed to 65 MeV protons. Br J Radiol 67(800):800-804

Coutrakon G, Bauman M, Lesyna D, Miller D, Nusbaum J, Slater J, Johanning J, Miranda J, DeLuca PM Jr, Siebers J et al (1991) A prototype beam delivery system for the proton medical accelerator at Loma Linda. Med Phys 18(6):1093-1099

Dosanjh M, Amaldi U, Mayer R, Poetter R (2018a) ENLIGHT: European network for light ion hadron therapy. Radiother Oncol 128(1):76-82

Dosanjh M, Jones B, Pawelke J, Pruschy M, Sorensen BS (2018b) Overview of research and therapy facilities for radiobiological experimental work in particle therapy. Report from the European particle therapy network radiobiology group. Radiother Oncol 128(1):14-18

Durante M, Loefffer JS (2010) Charged particles in radiation oncology. Nat Rev Clin Oncol 7(1):37-43

Gueulette J, Bohm L, De Coster BM, Vynckier S, Octave-Prignot M, Schreuder AN, Symons JE, Jones DT, Wambersie A, Scalliet P (1997) RBE variation as a function of depth in the 200-MeV proton beam produced at the National Accelerator Centre in Faure (South Africa). Radiother Oncol 42(3):303-309

Hellweg CE, Chishti AA, Diegeler D, Spitta LF, Henschenmacher B, Baumstark-Khan C (2018) Molecular Signaling in Response to Charged Particle Exposures and its Importance in Particle Therapy. Int J Part Ther 5(1):60-73

Hirao Y, Ogawa H, Yamada S, Sato Y, Yamada T, Sato K, Itano A, Kanazawa M, Noda K,

Kawachi K, Endo M, Kanai T, Kohno T, Sudou M, Minohara S, Kitagawa A, Soga F, Takada E, Watanabe S, Endo K, Kumada M, Matsumoto S (2002) Heavy ion synchrotron for medical use —HIMAC project at NIRS-Japan. Nucl Phys A 538:541-550

Jäkel O (2008) The relative biological effectiveness of proton and ion beams. Z Med Phys 18(4): 276-285

Jette D, Chen W (2011) Creating a spread-out Bragg peak in proton beams. Phys Med Biol 56 (11): N131-N138

Kanai T, Furusawa Y, Fukutsu K, Itsukaichi H, Eguchi-Kasai K, Ohara H (1997) Irradiation of mixed beam and design of spread-out Bragg peak for heavy-ion radiotherapy. Radiat Res 147(1):78-85

Kraft G (1990) The radiobiological and physical basis for radiotherapy with protons and heavier ions. Strahlenther Onkol 166(1):10-13

Kraft G, Becher W, Blasche K, Böhne D, Franczak B, Haberer T, Kraft-Weyrather W, Kraemer M, Langenbeck B, Lenz G, Ritter S, Scholz M, Schardt D, Stelzer H, Strehl P, Weber U (1994) The Darmstadt program HITAG: heavy ion therapy at GSI. In: Amaldi U, Larsson B (eds) Hadrontherapy in oncology. Elsevier Science Pub Co., Amsterdam, NL, pp 217-228

Kraft G, Scholz M, Bechthold U (1999) Tumor therapy and track structure. Radiat Environ Biophys 38(4):229-237

Moreno-Villanueva M, Wong M, Lu T, Zhang Y, Wu H (2017) Interplay of space radiation and microgravity in DNA damage and DNA damage response. NPJ Microgravity 3:14

Mori E, Takahashi A, Yamakawa N, Kirita T, Ohnishi T (2009) High LET heavy ion radiation induces p53-independent apoptosis. J Radiat Res 50(1):37-42

Norbury JW, Schimmerling W, Slaba TC, Azzam EI, Badavi FF, Baiocco G, Benton E, Bindi V, Blakely EA, Blattnig SR, Boothman DA, Borak TB, Britten RA, Curtis S, Dingfelder M, Durante M, Dynan WS, Eisch AJ, Robin Elgart S, Goodhead DT, Guida PM, Heilbronn LH, Hellweg CE, Huff JL, Kronenberg A, La Tessa C, Lowenstein DI, Miller J, Morita T, Narici L, Nelson GA, Norman RB, Ottolenghi A, Patel ZS, Reitz G, Rusek A, Schreurs AS, Scott-Carnell LA, Semones E, Shay JW, Shurshakov VA, Sihver L, Simonsen LC, Story MD, Turker MS, Uchihori Y, Williams J, Zeitlin CJ (2016) Galactic cosmic ray simulation at the NASA space radiation laboratory. Life Sci Space Res (Amst) 8:38-51

Ray S, Cekanaviciute E, Lima IP, Sorensen BS, Costes SV (2018) Comparing photon and charged particle therapy using dna damage biomarkers. Int J Part Ther 5(1):15-24

Suit H, Goldberg S, Niemierko A, Ancukiewicz M, Hall E, Goitein M, Wong W, Paganetti H (2007) Secondary carcinogenesis in patients treated with radiation: a review of data on radiation-induced cancers in human, non-human primate, canine and rodent subjects. Radiat Res 167(1):12-42

符号与缩略语

AD	阿尔茨海默病
ALFMED	阿波罗光闪移动乳胶探测器
APC	腺瘤性结肠息肉病
ApoE	载脂蛋白 E
$ApoE^{-/-}$	载脂蛋白 E 缺乏症
ARS	急性辐射综合征
AT	共济失调毛细血管扩张
ATM	共济失调毛细血管扩张突变
BEIR	电离辐射的生物学效应
BER	碱基切除修复
β	相对于光速的粒子速度
BFO	造血器官
BfS	联邦辐射防护局
CDK	细胞周期蛋白依赖性激酶
CDKN1A	细胞周期蛋白依赖性激酶抑制剂 1A
CHO	中华仓鼠卵巢
CI	置信区间
CME	日冕物质抛射

CMO	机组医务人员
CNS	中枢神经系统
COX-2	环氧合酶-2
CPDS	带电粒子探测器
CRAND	宇宙射线反照中子衰变
CtIP	羧基末端结合蛋白相互作用蛋白
DDR	DNA 损伤反应
DDREF	剂量和剂量率降低效应因子
DNA	脱氧核糖核酸
DNA-PK	DNA 依赖性蛋白激酶
DNA-PKcs	DNA 依赖性蛋白激酶,催化亚基
DSB	双链断裂
E	每个核子的粒子动能
EM	探测任务(现为阿尔忒弥斯)
EPIC	欧洲癌症与营养的前瞻性研究
ERR	超额相对风险
ESA	欧洲航天局
ESP	高能风暴粒子
EVA	舱外活动
EV-CPDS	舱外带电粒子定向光谱仪
GADD45α	生长停滞和 DNA 损伤诱导基因 45α
GANIL	国家重离子加速器
GCR	银河宇宙辐射或射线
CSF	粒细胞集落刺激因子
GLE	地面层事件或增强事件
GOES	地球静止运行卫星
GSI	德国亥姆霍兹重离子研究中心股份有限公司
Gy	戈瑞

Gy-Eq	戈瑞当量
H	剂量当量
HDL	高密度脂蛋白
HSC	造血干细胞
HPRT	次黄嘌呤磷酸转移酶
HR	同源重组
IBMP	生物医学问题研究所
ICRP	国际辐射防护委员会
ICRU	国际放射单位和测量委员会
IL	白细胞介素
ML-2	国际微重力实验室 2
IRIF	电离辐射诱导灶
ISS	国际空间站
ITS	星际运输系统
IV-CPDS	车载带电粒子定向光谱仪
JAXA	日本宇宙航空研究开发机构
JSC	约翰逊航天中心
KGF	角质细胞生长因子
LAR	终身可归因风险
$LD_{50/30}$	导致 30 天内 50%死亡的剂量
LDL	低密度脂蛋白
LDLr	低密度脂蛋白-受体
LEO	近地轨道
LET、L_Δ 或 L	线性能量转移
LNT	线性无阈值
LOC	机组人员损失
LOM	任务损失
LSAH	宇航员健康纵向调查

mBAND	多色带状原位杂交
MeV/n	兆电子伏每核子
MORD	医疗操作要求文件
MPCV	多用途机组人员车
MRN	MRE11-RAD50-NBS1
MSL	火星科学实验室
mSv	毫希
NAS	美国国家科学院
NASA	美国国家航空航天局
NCR	国家癌症研究所
NCRP	国家辐射防护和测量委员会
NER	核苷酸切除修复
NF-κB	核因子 κB
NGF	神经生长因子
NHEJ	非同源性末端接合
NK Cell	自然杀伤细胞
NOAA	国家海洋大气管理局
NRC	美国国家研究局
Nrf2	核红系衍生 2 相关因子 2
NSAIDs	非甾体类抗炎药
NSCR Model	美国国家航空航天局空间癌症风险模型
NSRL	美国国家航空航天局空间辐射实验室
$p21^{Cip1,WAF1}$	蛋白 21$^{\text{CDK2相互作用蛋白1,野生型p53激活片段1}}$(编码基因:CDKN1A,细胞周期素依赖性激酶抑制剂 1A)
PEL	允许的接触限值
PSD	正电子敏感探测器
Q(LET)	品质因子
QF	美国国家航空航天局的太空辐射品质因子

RAD	辐射评估探测器
RAM	辐射区监测器
RBE	相对生物学效应
R_C	有效垂直切口刚度
REID	辐射引起的死亡风险
ROS	活性氧
RPA	复制蛋白 A
RRM2B	核苷酸还原酶 p53R2
SAA	南大西洋异常区
SCF	干细胞因子
SEC	太空环境中心
SEP	太阳高能粒子
SOD	超氧化物歧化酶
SOBP	扩展布拉格峰
SPE	太阳粒子活动
SRAG	太空辐射评估小组
SRHO	太空辐射卫生官员
SSA	单链退火
SSB	单链断裂
ssDNA	单链 DNA
StrlSchG	辐射防护法(德国辐射保护法)
Sv	希
TBI	全身辐射
TCR	T 细胞受体
TEPC	组织等效比例计数器
TLD	热释光探测器
TLR5	Toll 样受体 5
TNF-α	肿瘤坏死因子 α

TRL	技术就绪水平
UNSCEAR	联合国原子辐射影响问题科学委员会
US	美国
V(D)J Recombination	免疫球蛋白(Ig)和T细胞受体(TCR)基因的变异(V)、多样性(D)和连接(J)基因片段的遗传重组
XRCC4	X射线修复对中国仓鼠细胞缺损修复的补充作用4
XPC	着色性干皮病,补体C组
Z	原子序数

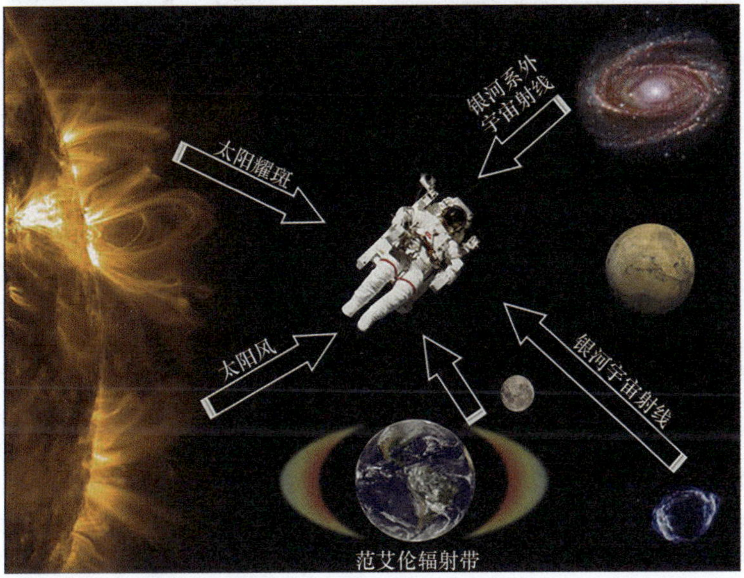

图 1.1　导致宇航员在太空任务中受到辐射暴露的宇宙辐射源

注：这幅图是使用以下图像汇编而成。①太阳：太阳活跃区域的日冕环，2014 年 2 月 18 日，图片源自美国航空航天局(NASA)/太阳动力学观测站。②地球：地球日的美洲卫星视图，2014 年 4 月 23 日，图片源自 NASA/国家海洋大气管理局(NOAA)/地球静止运行环境卫星(GOES)项目。③月球：南太平洋上空的满月，2019 年 8 月 13 日，iss060e01347，"探险"号 60，国际空间站(ISS)，图片源自美国国家航空航天局。④火星："水手"号山谷：火星大峡谷，2008 年 3 月 23 日，图片源自美国国家航空航天局。⑤星系：螺旋星系 M81，2014 年 5 月 2 日，图片源自 X 射线：钱德拉 X 射线天文台/史密森天体物理天文台(NASA/CXC/SAO)；⑥光学：Detlef Hartmann；红外：NASA/喷气推进实验室-加州理工学院；超新星遗迹：超新星 G1.9+0.3，2016 年 3 月 30 日，图片源自 NASA/钱德拉 X 射线中心/哈佛大学天文台/S. chakraborti 等人。⑦宇航员：宇航员 Bruce McCandless 自由漂浮(STS-41B)，2011 年 7 月 28 日，图片源自美国国家航空航天局。

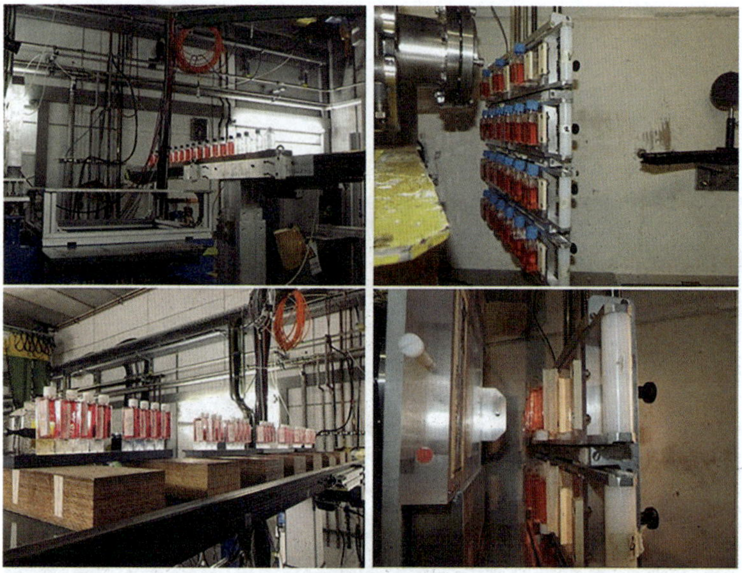

图 1.3 （见彩图）重离子加速器上的放射生物学实验

(a)德国达姆施塔特 GSI(亥姆霍兹重离子研究中心)的输送带上装有 25cm^2 细胞培养瓶和载液瓶。(b)在法国卡昂的国家大型重离子加速器(GANIL)中，照射在面积为 12.5cm^2 的哺乳动物细胞来确定细胞存活率，并在玻片瓶中进行免疫荧光染色。在波束出口窗口前安装了一个用于调制波束能量的降能器的支架。© Christine E. Hellweg，德国宇航中心。

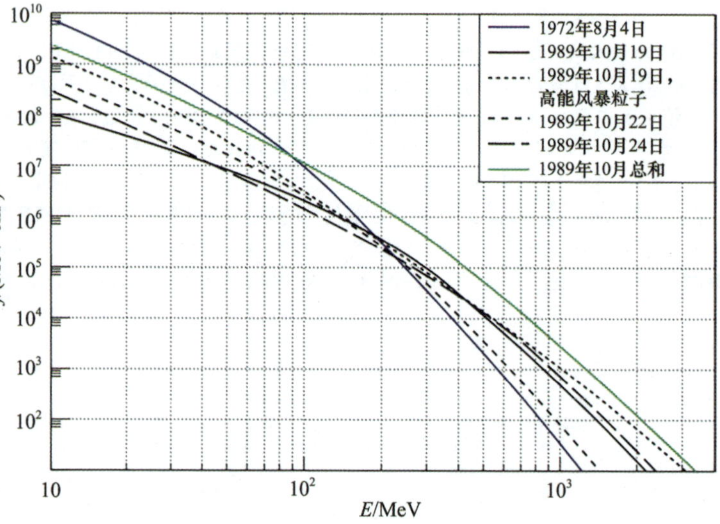

图 2.4 由 Tylka 等(2010)所描述的大型太阳高能粒子事件的能谱

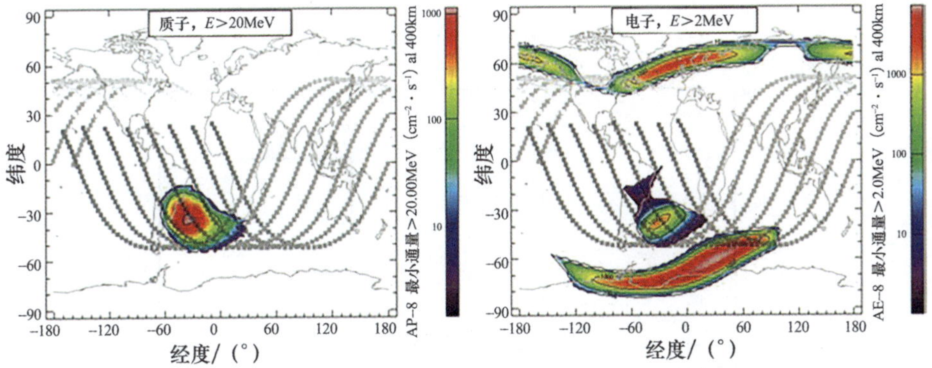

(a) (b)

图 2.6　SPENVIS 中的 AP8 模型预测的辐射带中捕获的质子(a)和电子(b)，高度约为 400km，即国际空间站的高度。叠加图显示了 51.6°倾角轨道的多个通路

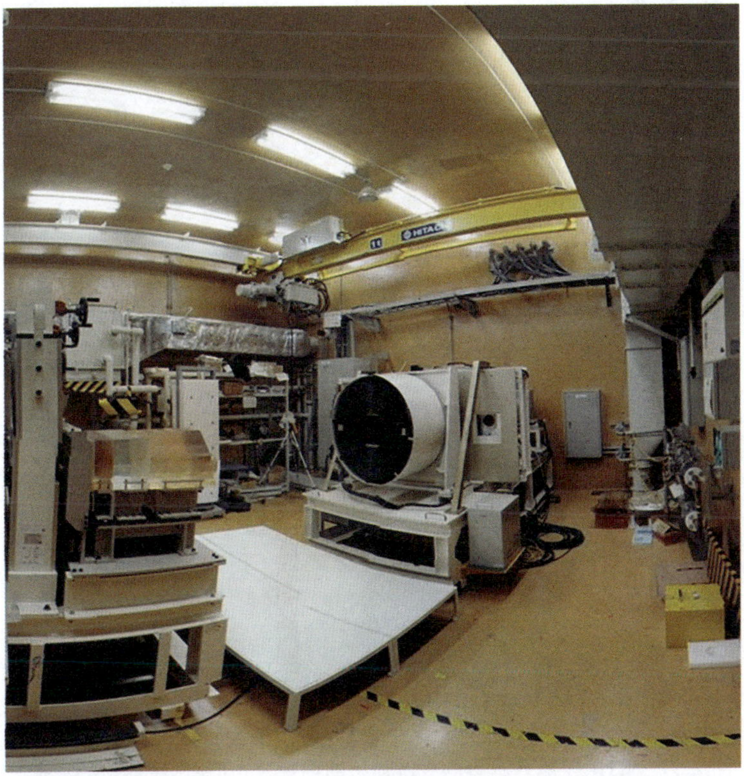

图 2.8　日本千叶的国立放射学研究所的重离子医用加速器
(© Bartos Przybyla，德国宇航中心)

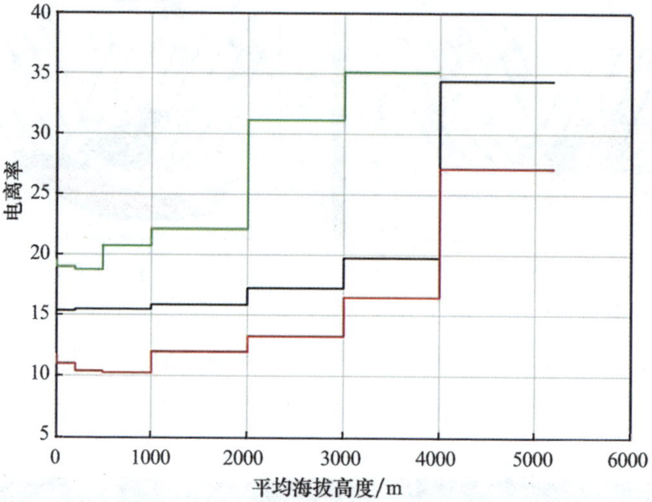

图 2.9　赫斯测量的大气中的电离率
（根据赫斯 1912 年提供的原始数据绘制的图表）

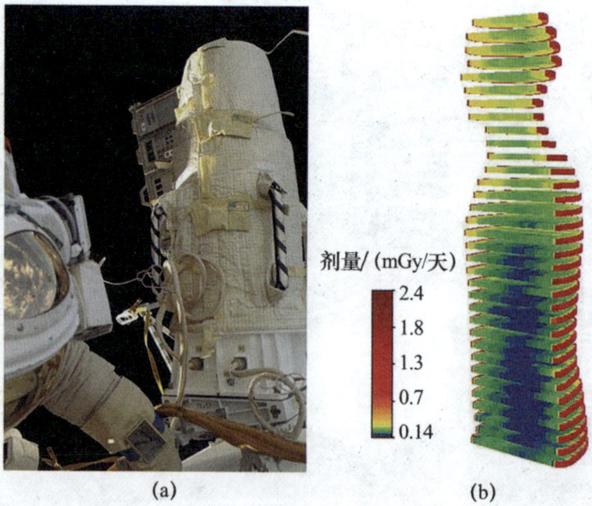

图 2.11　MTR-1 舱外暴露的三维辐射的剂量分布（德国宇航中心数据）

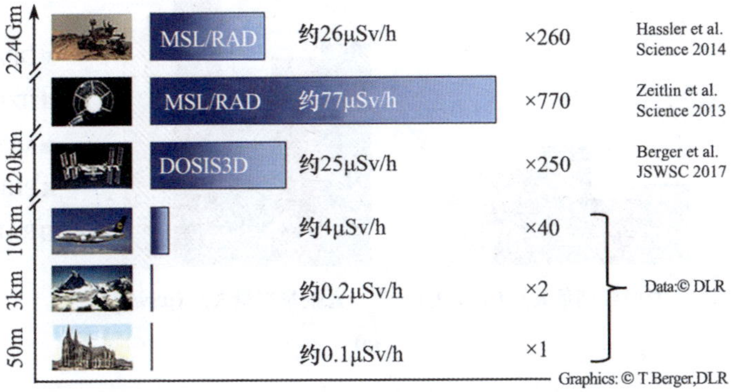

图 2.12　不同辐射情景下的近似剂量率

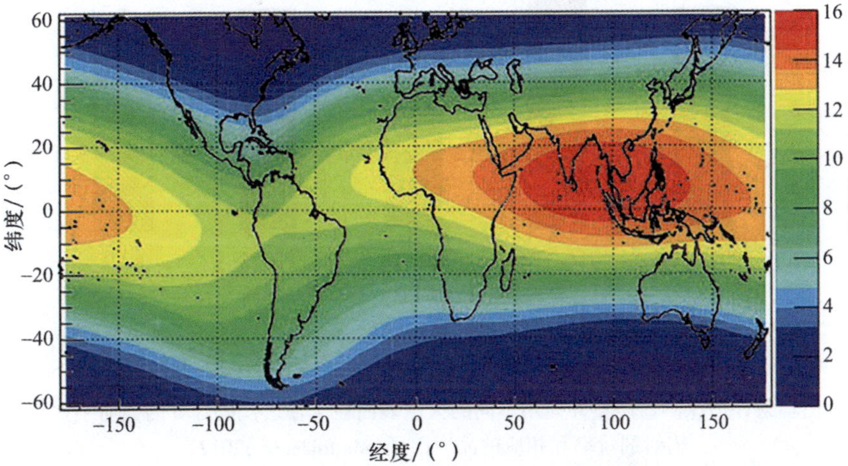

图 2.13　高度 400km 有效竖向截断刚度

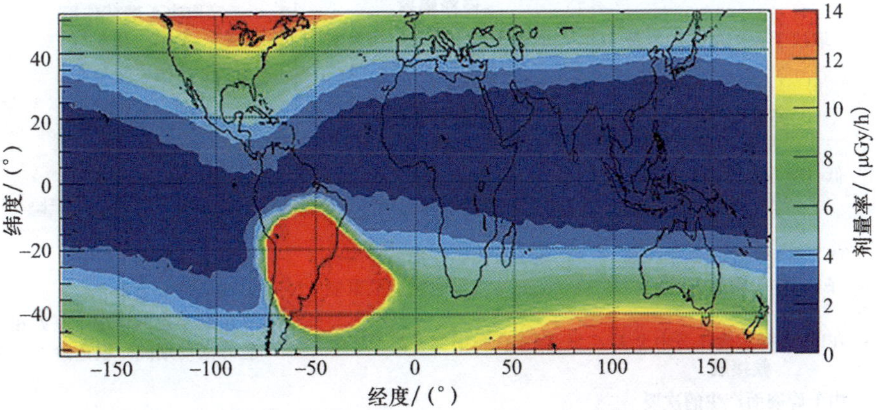

图 2.14　2009 年太阳活动极小期，在国际空间站上 DOSIS 项目中用 DOSTEL 仪器测量的硅吸收剂量率（Berger 等，2017）

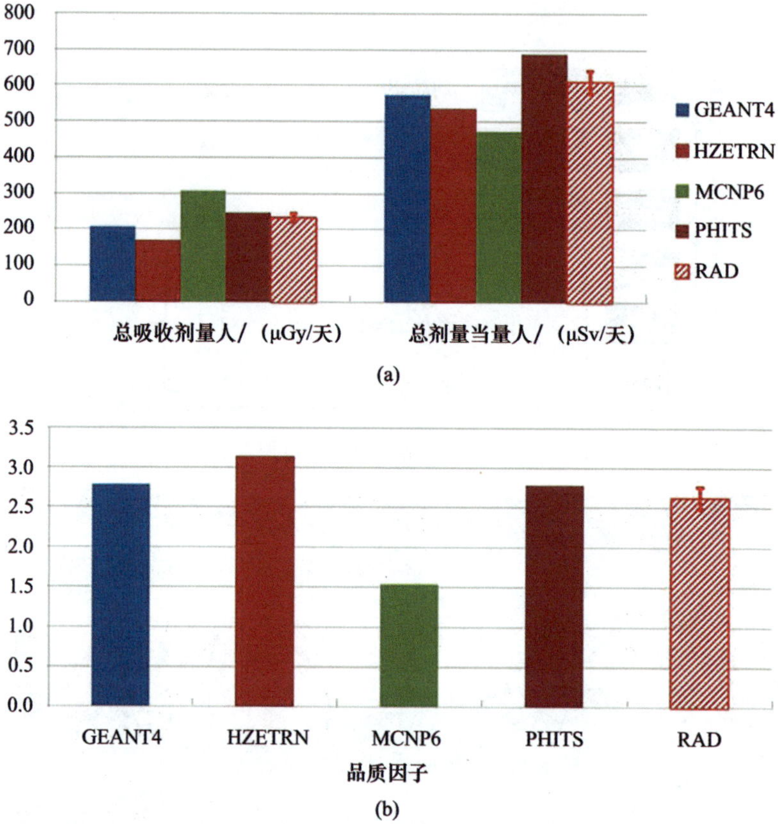

图 2.16　2015 年 11 月 15 日至 2016 年 1 月 15 日，
由辐射评估探测器测量并使用不同的火星表面粒子输运代码计算的银河宇宙辐射剂量率和相应的品质因子（Matthiäet 等，2017）

银河宇宙射线 取决于太阳周期和屏蔽	辐射带中的停滞辐射 取决于太阳活动、屏蔽和飞行高度/持续时间	太阳粒子活动 取决于屏蔽作用 发生的概率与太阳活动有关
国际空间站和探索任务： 低（微观上为高）剂量的慢性全身辐射	国际空间站： 间歇性全身低剂量辐射 探索任务： 短暂全身辐射	国际空间站： 地磁场保护 探索任务： 急性高剂量全身辐射风险
- 单一高能粒子（电子、质子、α粒子和重离子） - 在ISS或探索性任务中全天候接触 - 由于碎裂而产生的次要粒子——中子	- 南大西洋异常现象对国际空间站积累的剂量很重要 - 探索任务中的穿越带	- 主要是质子 - 可能有高剂量率 - 在屏蔽不足的情况下（如在舱外活动期间）很危险

图 3.1　宇航员在近地轨道及更高轨道太空飞行期间的辐射

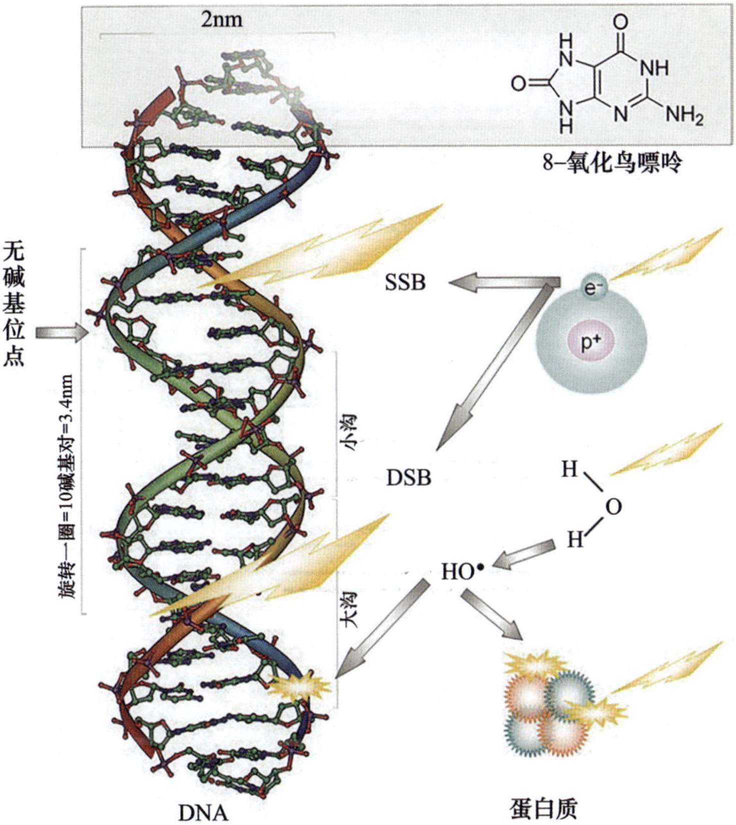

图 3.4　电离辐射引起的 DNA 损伤

注:DNA 分子中的直接能量沉积或水分子辐解为羟基和其他自由基后的间接损伤产生单链断裂、双链断裂、碱基损伤(如氧化鸟嘌呤(8-氧化鸟嘌呤))、碱基的丢失,产生一个碱基位点或 DNA-蛋白质交链。DNA 和 8-氧化鸟嘌呤分子可参见维基共享资源(Michael Störk 和 Ed/commons. wikimedia. org/)。

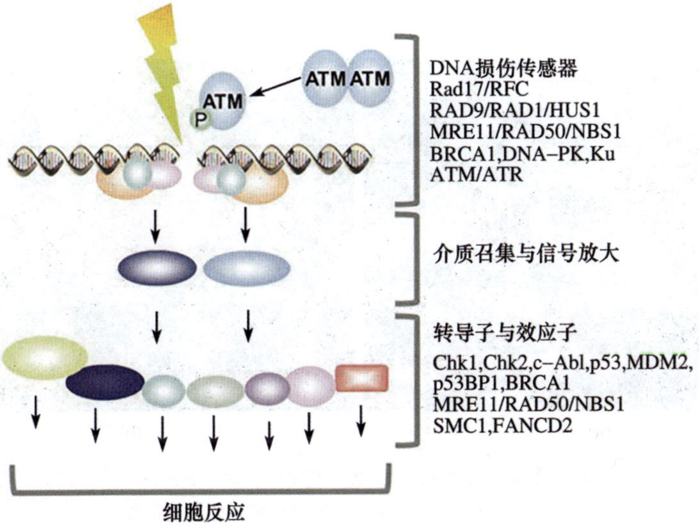

图 3.5　DNA 损伤反应模型

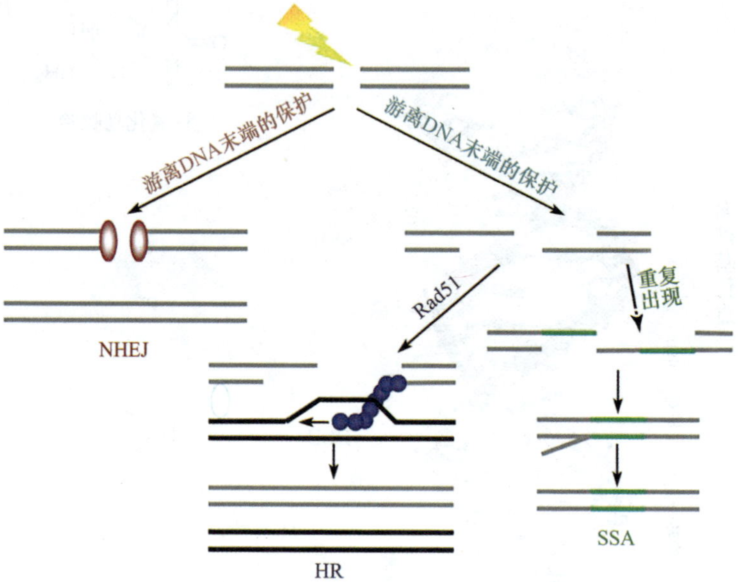

图 3.6　DNA 双链断裂修复途径：同源重组(HR)、非同源性末端接合(NHEJ)和单链退火(SSA)(Kass 和 Jasin,2010)

注：无论序列如何，非同源性末端接合连接都没有或很少有同源(微同源)的相邻游离 DNA 末端，因此容易出错。在此途径中，DNA 末端通过与 Ku 异源二聚体结合而免受末端切除。同源重组由 5′至 3′端切除开始。在形成的 3′单链尾巴上，RAD51 核蛋白丝组装并侵入同源 DNA 双链体(黑色)，从而启动修复合成。然后置换新合成的链并退火到另一个 DNA 末端(未在图中显示)，从而完成同源重组反应。当这种末端切除发生在姐妹染色单体(绿色)的重复序列上时，就会发生另一种途径，即单链退火。在这种情况下，互补的单链在重复处退火，就产生了一个拷贝数变体。突变分析表明，与同源重组和非同源性末端接合有关的因素同样在数字所示的步骤中"竞争"：典型非同源性末端接合因子(Ku,DNA 连接酶 IV/XRCC4)的丢失导致末端切除增加，从而导致同源重组和单链退火；末端切除突变体(如 Sae2)显示非同源性末端接合增加；RAD51 丝形成的中断导致 DNA 末端螺纹连接到单链退火(Kass 和 Jasin,2010)。

图 5.1　作为营养对策候选者的次生植物代谢产物(© Christine E. Hellweg, DLR)

注：猕猴桃、石榴或其他水果和蔬菜含有对健康有益的次生代谢产物。